陶振夫 编著

# 农业气象谚语与解析

U0322365

气象出版社
China Meteorological Press

图书在版编目（CIP）数据

农业气象谚语与解析 / 陶振夫编著． — 北京：气
象出版社，2018.1（2019.6 重印）
 ISBN 978-7-5029-6700-0

 Ⅰ．①农… Ⅱ．①陶… Ⅲ．①天气谚语－普及读物
Ⅳ．① S165-49

 中国版本图书馆 CIP 数据核字（2017）第 303665 号

Nongye Qixiang Yanyu yu Jiexi
农业气象谚语与解析
陶振夫　编著

出版发行：气象出版社
地　　址：北京市海淀区中关村南大街 46 号　　　　邮政编码：100081
电　　话：010-68407112（总编室）　　010-68408042（发行部）
网　　址：http://www.qxcbs.com　　　　**E-mail**：qxcbs@cma.gov.cn
责任编辑：侯娅南　　　　　　　　　　　　终　审：张　斌
责任校对：王丽梅　　　　　　　　　　　　责任技编：赵相宁
封面设计：符　赋
印　　刷：三河市君旺印务有限公司
开　　本：710 mm×1000 mm　1/16　　　　印　张：8.25
字　　数：110 千字
版　　次：2018 年 1 月第 1 版　　　　　　印　次：2019 年 6 月第 2 次印刷
定　　价：25.00 元

农业气象谚语是从农业与气象不可分割的密切关系中总结出来的，是我国劳动人民在农业生产中与大自然斗争积累的经验智慧的结晶，其言语的专业性、地域性、季节性、科学性、规律性、多样性和实用性是它的最大特色。这些谚语流传久远，应用广泛，被不断丰富，深受广大农民的喜爱，成为农民耕种、饲养、生活行动的指南。

俗话说"崇明人猜天，江西人识宝"，崇明人在长期生产实践中积累了丰富的看天经验。这些经验以谚语或歌谣的形式世世代代在群众中广泛流传，并被验证和运用。而将这些谚语加以系统地收集和整理，并进行推广应用的就是本书的作者陶振夫先生，他今年75岁高龄，是上海郊区名副其实的传播应用农业气象谚语的第一人，也是上海市非遗项目天气谚语及其应用代表性传承人。

上海市崇明岛有1300多年的历史，岛民们在田间耕作、出海捕鱼、海上航运等实践中为了适应和改变生产及生活条件，必须了解和掌握天气、气候的变化。岛民们把日常发现的天象、物象与实际天气变化联系比较，逐渐领悟其中的关系，经过反复观察，反复比较，逐步积累，不断演化，才逐渐变成现在顺口好念、易记好背、老幼皆知、家喻户晓的天气谚语，这些天气谚语在人们的生产和生活实践中发挥了很大的作用。几百年来，崇明人娴熟的看天本领令人惊叹，这些天气谚语开始在江、浙、沪一带传播，后来又逐渐扩展到更远的地方，人们为了对崇明人高超的看天本领表示信服，给予"崇明人猜天"的美誉。

陶振夫先生既是一个在收集农业气象谚语上倾注了 50 多年心血的痴人，也是一个在长期的天气预测上实践了 40 多年的预报狂人。他是一名中共党员，1942 年出生，浙江上虞市人，1963 年 7 月毕业于北京气象专科学校（现为中国气象局气象干部培训学院）四年制专科班，被分配到上海市气象局工作，同年 11 月下基层锻炼，到上海市崇明县（1992 年被撤销，现属浦东新区）气象局从事气象观测、天气预报工作，1965 年调到上海市川沙县气象站工作，1968 年调上海市陈家镇气象站任负责人，1975 年调到上海市崇明县气象局任预报科负责人，1985 年评上工程师职称，担任气象科技咨询中心主任，且为上海市气象学会会员、上海市崇明县气象学会副理事长。1998 年又因工作需要调上海市闵行区气象局工作，2002 年退休。

他工作不久便利用工作间隙及节假日，下农村，走访农民，收集天气谚语，在近 40 年的时间里，拜几十名农民为师，虚心学习，认真求教，共收集到天气谚语及农业气象谚语 2600 多条。

他在浦东川沙气象站四年工作时间里，不间断收集天气谚语，在渔民那里收集到的天气谚语有 500 多条。

他还利用出差等机会，多次验证收集到的谚语，并询问了江、浙、沪一带的农民，发现基本类似，尤其是长三角的平原地区，气候差不多，因此，天气谚语也通用。这可能也是崇明人"猜天"本领的名声传至江、浙、沪一带的原因。

他多次使用天气谚语，参加上海市气象局天气预报会商会，例如 1967 年 3 月 15 日天气预报会商会上，他运用谚语"立春有雨春阴多，春寒多雨水""雷打立春节，惊蛰雨不息"制作后期天气预报，获得好评。

他历年来多次参加县政府、农业系统召开的春耕春播现场会、三夏动员会、三秋动员会，多次在现场会上介绍他制作的中期天气预报，由于他的预报准确，声名逐渐远扬，被当地县领导赞誉为"崇明天公公"。

他参与了上海市川沙县气象站编著川沙天气谚语等工作，参与了华东师范大学编著天气谚语等工作；整理抄编原始气象资料2万多条，用于天气谚语验证工作；坚持每天写天气日记，从退休的第一天开始就记录每天天气变化状况，至今已记载了15本天气日记；他还完整保存了20世纪60年代以来收集到的原始的天气谚语及看天经验。

他对待工作勤勤恳恳，孜孜不倦，工作期间共获得十几项市县奖励，在历年被表场、授奖的基础上，2014年6月又被评为"上海市非物质文化遗产项目天气谚语及其应用代表性传承人"。当他成为"市级非遗传人"之后，他便为自己定下了"有生之年定为社会做有益工作"的誓言——把自己50多年来收集的近3000条农业气象谚语全部整理出来，传承下去。

天气谚语是宝贵的非物质文化遗产，尽管气象科学已进入高科技现代化阶段，但这些天气谚语在了解、掌握天气变化规律，预测天气，指导农业生产等方面仍然具有其独特的作用和特有的应用价值。

上海市气象局原局长 王雷

2017年12月

# 目 录

# 二十四节气谚语

　　二十四节气是根据视太阳在黄道的位置，划分反映我国一定地区一年中的自然现象与农事季节特征的二十四个节候，它是我国劳动人民在长期农业生产实践中，不断积累和掌握了农事季节与气候变化的规律后总结出来的。如今，因地制宜，灵活运用二十四节气对开展农事活动依然具有广泛的应用价值。根据节气和气候总结的农业气象谚语，对从事农业生产也有很好的参考价值。

## （一）立春

　　太阳黄经为315度，是二十四节气中的第一个节气，其含义是开始进入春天，"阳和起蛰，品物皆春"，过了立春，万物复苏生机勃勃，一年四季从此开始了。"立春"时值公历2月4日左右，一般在春节前后。立春后温度渐升，土壤下层开始解冻，冻土层变浅。长江中下游地区常年平均气温 –1 ℃，最低气温 –6 ℃，天气仍然干寒，风向多变，蒸发量较大，降水量一般在3~5毫米，有三分之一的年份无降水。

　　**谚语** 1 　雷打立春节，惊蛰雨不息。

> **注释**：雷打立春节，说明这年南方暖湿空气活跃得早，但这时冷空气势力很强盛，冷暖空气交汇就会产生连续阴雨的天气，故有"惊蛰雨不息"之说。

　　**谚语** 2 　立春节日雨淋淋，阴阴湿湿到清明。
　　**谚语** 3 　迎春有雨春阴多。
　　**谚语** 4 　立春下雨春阴多。

**谚语 5** 立春下雨，四十五天春阴。

**谚语 6** 立春落，清明也落。

注释：立春，是农历一年当中的第一个节气，立春前一天为迎春。正常情况下，这正是从隆冬严寒少雨开始向春季雨水增多转折的时候，但这种季节转折的时间并不完全一样，有的年份立春后高空仍为冬季环流，从地面到高空均受北方强冷空气控制，天气干冷少雨，而有的年份尚未到立春，南方暖湿空气便开始活跃，立春或立春前就开始阴雨。如果立春或迎春下雨，与季节性天气转折联系在一起，阴雨持续时间会延长，出现"立春节日雨淋淋，阴阴湿湿到清明"的天气。

**谚语 7** 年内立春风暴多。

注释：年内立春，指农历春节前立春，对应夏季风暴多（包括台风），这种对应关系就是大气变化韵律关系，所谓大气韵律就是指某种天气在某一时刻出现后，对应若干天后出现类似的天气或相反天气。

**谚语 8** 立春节日迷糊糊，一春雨水不会多。

注释：这条谚语中的"迷糊糊"指的是"雾"。不同季节出现的雾反映不同的天气状况，因为春季天气比较冷，晴天无云的夜间更冷，地面湿度下降，空气中所含的水汽凝结成雾反映冷空气势力仍较强，天气稳定少雨，故有"立春节日迷糊糊，一春雨水不会多"之说。

**谚语 9** 立春东南风，回暖早相逢。

注释：立春这天吹东南风，显示暖空气来得比较早，气温回升比较快。

**谚语 10** 长三春冷，短三春暖。

注释：立春在春节后为长三春，对应4月气温偏低，立春在春节前为短三春，气温回暖快，天气暖。

**谚语 11** 两春夹一冬，被窝里暖烘烘。

注释（1）：农历一年中可能有两个立春的年份，前一个立春在正月，后一个立春在十二月（在农历闰年 13 个月的年份有可能出现），仍处于残冬腊月，而公历已是 2 月 4 日左右，暖空气开始北上，天气渐渐转暖。

注释（2）：农历正月初一和立春都认为是春的开始日，在农历连续平年之后，立春就出现在农历十二月，和农历正月初一隔着半个月的时光，这半个月在农历年底，还算冬天，这就是两春夹一冬，长江中下游在 1 月（大寒、小寒节气）和 2 月初之间天气最冷，立春在公历 2 月 4 日左右，长江下游的最冷天气即将结束，天气就转暖了，所以说"两春夹一冬，被窝里暖烘烘"。

**谚语 12** 立春立在五九末，麦粒饱满似枣核。

注释：立春立在五九末，预示春季雨水不多，天气正常，有利于麦子生长，则当年麦子粒粒饱满，出现似枣核的可喜景象。

**谚语 13** 春打六九头，没苗也不愁。

注释：春打六九头，会出现春天少雨的天气，有利于麦子生长。

**谚语 14** 春交九九头，迷麦总不收。

注释：春交九九头，容易造成较多降水，出现春涝，对农作物不利，造成减产。

**谚语 15** 两头打春伏天热。

注释：农历年中出现两个立春，暖空气来得早，升温快，热量积累多，到了伏天（夏天）会感到特别热。

**谚语 16** 年内立春春不冷，年后立春三月冷。

注释：年内立春，暖空气来得早，春天天气回暖早，春天不冷。年后立春，暖空气来得晚，天气回暖晚，到了 3 月还冷飕飕。

**谚语 17** 春打三九底, 家家吃白米。

注释: 春打三九底, 显示天气正常, 风调雨顺, 是个能让家家吃白米的丰收年。

主要农事活动: ①制订全年生产计划。②春地运肥, 耙耱保墒。③检修农机具。④做好春大麦、春小麦播种准备工作, 麦田镇压保墒。⑤加强大棚瓜菜管理。⑥看管好林木果园。⑦搞好畜禽饲养及疫病防治。⑧管好鱼塘。

## (二) 雨水

太阳黄经为 330 度, 这时春风遍吹, 冰雪融化, 空气湿润, 雨水增多, 所以叫雨水。人们常说"立春天渐暖, 雨水送肥忙"。"雨水"时值公历 2 月 20 日前后, 意思是降水由雪转为雨, 雨量也开始增多, 但长江中下游地区雨水前后仍以降雪为主。常年节气间平均气温 0~3 ℃。降水 3~5 毫米, 多时超过 10 毫米, 冻土层变浅, 土壤表层夜冻日化, 开始返浆, 有利于小麦返青。

**谚语 1** 雨水节后多东南, 当年不会倒春寒。

注释: 雨水后吹东南风, 暖空气活跃, 则 4 月上旬不会出现倒春寒, 对春播有利。

**谚语 2** 雨水日晴朗多风雨。

注释: 雨水天气晴朗, 预示后面有段时期为风雨天气。

**谚语 3** 雨水晴明, 夏至前后无雨。

注释: 雨水天气晴朗, 对应夏至前后几天无雨。

**谚语 4** 雨水阴, 天生多雨。

注释: 雨水天气阴沉, 预示后面多雨。

**谚语 5** 雨水无雨, 夏至无雨。

注释: 雨水没有下雨, 预示夏至也不会下雨。

**谚语 6** 雨水节下雨三大碗，大河、小河都要满。

注释：雨水大雨，造成大河、小河都要满。

**谚语 7** 雨水节气落雨，个个节气落雨。

注释：雨水落雨的话，反映暖湿空气强盛，从而后面的节气也多雨。

**谚语 8** 有了雨水，才有春分水。

注释：雨水下雨，对应春分也会下雨。

主要农事活动有：①土壤解冻 3~4 厘米时划锄大小麦。②种蓖麻、向日葵。③春田耙耢保墒，灌浇白茬地。④选购棉种。⑤管好大棚瓜菜。⑥果树修剪、松土。⑦加强畜禽管理和疫病防治。⑧结合积肥，整理鱼塘。

## （三）惊蛰

太阳黄经为 345 度，这个节气表示天气转暖，春雷开始震响，蛰伏在泥土里的各种冬眠动物将苏醒过来开始活动，所以叫惊蛰。这个时期过冬的虫卵也开始活跃。我国部分地区进入了春耕季节。谚语云："惊蛰过，暖和和，蛤蟆老角唱山歌""惊蛰一犁土，春分地气通""惊蛰没到雷先鸣，大雨似蛟龙"。"惊蛰"是反映物候的节气，时值公历 3 月 5 日左右，蛰伏泥土里的冬眠动物和多种昆虫感于春季温暖，震惊而出。本节时逢"九九"到九尽，土地完全解冻，长江中下游地区气温一般 4~5 ℃。降水量一般 3~5 毫米，多时超过 20 毫米，少时不足 1 毫米。终雪时间平均在 3 月中旬。

**谚语 1** 雷打惊蛰前，四十潆潆不见天。

**谚语 2** 雷打惊蛰前，四十五天不见天。

**谚语 3** 惊蛰未到先闻雷，四十九天无日头。

注释：惊蛰前打雷，显示南方暖湿空气强盛，与停留在长江中下游的冷空气交汇，造成强烈对流扰动，大气层结十分不稳定，将延续较长一段时间的多阴雨天气。

**谚语 4** 惊蛰始雷，大地回春。

**注释**：惊蛰闻雷，气温回暖快，春回大地，百花怒放。

**谚语 5** 未蛰先蛰，人吃狗食。

**注释**：惊蛰前出现雷雨，甚至暴雨、大风，加上连续阴雨，对农作物生长十分不利，造成粮食歉收，食不果腹，出现人吃狗食的惨景。

**谚语 6** 惊蛰闻雷，小满发水。

**注释**：惊蛰闻雷，对应小满时节多阴雨。

**谚语 7** 惊蛰寒，秧成团。

**注释**：惊蛰时节气温偏低，下阶段雨水偏多，对育秧不利。

主要农事活动有：①麦田普遍划锄，根据苗情、墒情，适时浇返青起身水和追肥。②继续培管好大麦、豌豆、蓖麻、向日葵，抓紧种蒜，搞好大棚瓜菜管理。③兴修水利，耙耱整平春田，墒情差的地块要浇水造墒。④盘好地瓜炕。⑤植树造林，果树修剪整枝。⑥搞好家禽孵化、牲畜配种和畜禽防疫。⑦放养鱼种。⑧害鼠出洞，抓紧捕杀。

## （四）春分

太阳黄经为 0 度，太阳直射赤道。春分是春季 90 天的中分点，这一天南北半球昼夜等长，所以叫春分。这天以后太阳直射位置便向北移，北半球昼长夜短。我国大部分地区越冬作物进入春季生长阶段。各地农谚有，"春分在前，斗米斗钱""春分甲子雨绵绵，夏分甲子火烧天""春分有雨家家忙，先种瓜豆后插秧""春分种菜，大暑摘瓜""春分种麻种豆，秋分种麦种蒜"。本节气时值公历 3 月 20 日左右，这一天之后，地面接收的太阳辐射日趋增多。长江中下游地区常年平均气温 8 ℃，北方冷空气仍不断侵入，天气时暖时寒，终霜期一般在 3 月底或 4 月初，降水量依然稀少，一般 5~10 毫米，蒸发量明显增多，十年九春旱为常规。

**谚语 1** 春分有雨疾病稀。

注释：春分时节雨水多，空气清新，污染少，相对生病的人也少。

**谚语 2** 春分、秋分，昼夜平分。

注释：春分日太阳在赤道上方，太阳黄经为 0 度，这是春季 90 天的中分点，这一天南北两半球昼夜等长。秋分这一天同春分一样，阳光直射赤道，昼夜等长，故有"春分、秋分，昼夜平分"之说。

**谚语 3** 春分不入皮，立夏斩风头。

注释：春分不冷，对应立夏有大风。

主要农事活动有：①小麦起身，抓紧追肥、浇水、划锄。②继续整平土地，搞好春灌、春耕，耙耢保墒。③棉花干籽播种，制作营养钵。④地瓜上炕育苗。⑤继续搞好植树造林，搞好果树嫁接、修剪、治虫。⑥继续搞好家畜配种、畜禽防疫和家禽孵化。⑦放养鱼种。⑧消灭害鼠。

## （五）清明

太阳黄经为 15 度，此时气候清爽温暖，草木始发新枝芽，万物开始生长，农民忙于春耕春种。古时候，在清明节这一天，人们在门口插上杨柳条，还到郊外踏青，祭扫坟墓，这是古老的习俗。"清明"时值公历 4 月 5 日左右，含义是气候温和、草木萌发，杏桃开花，处处给人以清新明朗的感觉。长江中下游地区平均气温 12~13 ℃，有的年份出现"倒春寒"现象。降水量显著增多，一般 10~15 毫米，有的年份不足 5 毫米。本节气是一年中风速最大、大风最多的时期，土壤跑墒很快，旱情容易发展。

**谚语 1** 清明断雪，谷雨断霜。

注释：按气候变化规律，清明以后不会再下雪，谷雨以后不会再有霜了。

**谚语 2** 清明难得明，谷雨难得雨。

注释：清明难明，意思是阴雨，对应谷雨少雨。

**谚语 3** 雨打清明节，干到夏至节。

注释：清明多雨的话，则立夏以后的小满、芒种，直到夏至，将少雨。

**谚语 4**　清明起南风，田里五谷丰。

**谚语 5**　清明南风绕，农作收成好。

注释：清明吹南风，暖空气势力强，下阶段温度回温快，有利于农作物生长，预示丰收。

**谚语 6**　清明晴，谷雨淋。

注释：清明晴天，对应谷雨阴雨。

**谚语 7**　寒食东风紧，黄梅雨水勤。

注释："寒食"指清明节前两天，这天刮东风且风力较大，则黄梅雨偏多。

**谚语 8**　清明有雨早黄梅，清明无雨迟黄梅。

注释：清明下雨，梅雨季来得早；清明不下雨，梅雨季来得迟。

**谚语 9**　清明无雨，莳雨多。

注释：清明不下雨，则夏至时节雨水将偏多。

**谚语 10**　二月清明，八月少雨。

注释：清明在农历二月的年份，则当年八月少雨。

**谚语 11**　雨打清明前，高地好种田。

注释：清明前雨水偏多，以后将多雨，有利于高地作物生长。

**谚语 12**　要知清明阴雨日，就看头年谷雨节。

注释：要知当年清明时节阴雨日多少，可以用上一年谷雨时节的阴雨日多少来预测，二者之间呈正相关。

**谚语 13**　清明刮了田埂土，阴阴湿湿四十五。

**注释**：清明刮 5 级以上的东风，吹起了田埂土，那么下阶段阴雨天气较多。

**谚语 14**　清明有霜，黄梅少雨。

**注释**：清明有霜，反映了冷空气势力强，长江中下游地区出现干冷、黄梅少雨的天气。

**谚语 15**　二月清明伏水少。

**注释**：清明出现在农历二月，夏天降水比较少。

**谚语 16**　三月清明伏水多。

**注释**：清明出现在农历三月，三伏雨水多，伏旱不明显。

**谚语 17**　清明若逢晴，梅里雨淋淋。

**注释**：清明这天若是晴天，则当年梅雨偏多。

**谚语 18**　清明杨柳向北摆，今年定收好庄稼。

**注释**：清明杨柳向北摆，指这天吹南风，下阶段雨水调匀，气温正常，庄稼容易获丰收。

　　主要农事活动有：①麦田追肥、浇水、划锄，及时查治病虫害。②4 月 10 日后，5 厘米地温稳定通过 13 ℃，开始播种棉花，相继播种高粱、谷子等作物。③管好地瓜苗床。④种好春菜，管好大棚瓜菜。⑤搞好水稻育秧。⑥继续栽种刺槐、枣树、桐树等发芽晚的林木，并搞好育苗。⑦喂好桑蚕。⑧继续搞好家畜配种，家禽孵化，畜禽防疫，及时播种牧草。⑨养鱼，栽种苇藕。⑩城乡同时消灭害鼠。

## （六）谷雨

　　太阳黄经为 30 度，就是雨水生五谷的意思，由于雨水滋润大地，五谷得以生长，所以，谷雨就是"雨生百谷"。谚语云"谷雨前后，种瓜种豆"。"谷雨"时值公历 4 月 20 日前后，是雨量增多、适合五谷生长的意思。长江中下游地区气温一般 16~18 ℃，寒潮天气基本结束，一般不再出现霜冻。降水量一般 15~20 毫米，旱象仍不能解除，但个别年份（如 1964 年）降雨量在 120 毫米以上。

**谚语 1**　谷雨后明霜，十八天内落冰雹。

注释：谷雨后出现霜，之后 18 天内有一次不稳定天气出现（冰雹）。

**谚语 2**　谷雨西南风，苗好稻难收。

注释：谷雨吹西南风，对应秋收天气多变，阴雨大风多，影响水稻收成。

**谚语 3**　谷雨阴沉沉，立夏雨淋淋。

注释：谷雨天气阴沉沉，对应立夏时节多降水。

**谚语 4**　谷雨有雨，黄梅发水。

注释：谷雨下雨，对应黄梅雨多。

**谚语 5**　谷雨西风，没小桥。

注释：谷雨吹西风，后面会出现大雨，造成淹没小桥的情况。

**谚语 6**　谷雨西北风，鲤鱼飞过屋。

注释：谷雨吹西北风，后面会出现大雨，造成水没房子的灾情。

主要农事活动有：①完成棉花播种任务，谷子、玉米、花生等作物于本月底播完。②地瓜插秧。③种植苜蓿等绿肥作物。④继续麦田管理。⑤防治地下害虫，抓紧查补棉花苗，及时定苗。⑥种好西瓜等瓜菜。⑦加强林业生产。⑧搞好畜牧、渔业生产。

## （七）立夏

太阳黄经为 45 度。习惯上把立夏当作是气温显著升高，炎暑降临，雷雨增多，农作物生长旺盛的一个重要节气。"立夏"时值公历 5 月 5 日前后，立夏后，天气渐热，长江中下游地区常年平均气温 18 ℃，最高气温可高于

35 ℃。降水量一般 15~20 毫米，蒸发量大，空气干燥，旱情易发展，常出现干热风，个别年份（如 1963 年）雨量颇多。

**谚语 1**　立夏北风，当日雨。

> 注释：立夏时节气温已回升，南方暖湿气流比较活跃，如果有北风出现（指冷空气南下），那么很快就会下雨。

**谚语 2**　立夏南风主旱。

**谚语 3**　立夏东南风，十块秧田九块空。

**谚语 4**　立夏东南百草风，几天几夜好天空。

> 注释：立夏吹南风或东南风，未来有一段连续晴好天气，容易发生干旱。

**谚语 5**　立夏日太阳打个影，秧在河里余。

**谚语 6**　立夏好日头，秧在塘里浮。

> 注释：立夏晴好，气温回升快比较高，有利于水稻秧苗生长。

**谚语 7**　立夏不下，无水洗耙。

**谚语 8**　立夏不下，搁起犁耙。

> 注释：立夏不下雨，未来出现连续晴好天气，少雨主旱。

**谚语 9**　立夏雨少，立冬雪多。

> 注释：立夏时节雨少，对应立冬时节雪多。

**谚语 10**　立夏晴，蓑衣挂壁角。立夏雨，蓑衣田里满。

> 注释：立夏晴天，未来天气晴好。立夏下雨，未来多降水。

**谚语 11**　立夏不热，五谷不结。

> 注释：立夏时节受冷空气影响，气温偏低，不热，不利于农作物生长，出现五谷不结的状况。

**谚语 12**　立夏东风，昼夜晴。

> **注释：** 立夏吹东风，未来一段时期天气晴好。

**谚语 13** 立夏东风嚎，麦子水中捞。

> **注释：** 立夏出现 5 级以上的东风，未来会出现大的降水，造成麦田积水，故有"麦子水中捞"之说。

**谚语 14** 立夏西风没小桥。

> **注释：** 立夏吹西风，未来会出现大的降水，出现淹没小桥的情况。

主要农事活动有：①春播作物相继出苗，要及时查补，抓紧时间定苗，中耕松土。②麦田浇水，防治病虫害。③继续种好花生、芝麻、春玉米，地瓜插秧。④准备肥料。⑤加强林木果树管理，喂好桑蚕。⑥加强畜禽管理，继续搞好家禽孵化。⑦搞好鱼种育肥和鱼苗放养。

## （八）小满

太阳黄经为 60 度，从小满开始，大麦、小麦等夏收作物已经结果、籽粒饱满，但尚未成熟，所以叫小满。"小满"时值公历 5 月 21 日前后，长江中下游地区平均气温 22 ℃，最高气温可高于 35 ℃。平均降水量 20 毫米，1963 年超过 80 毫米。光照充足，温度适宜，对小麦灌浆和春播作物生长有利。但有些年份降水少，干热风频繁，对作物生长尤其是对小麦灌浆危害很大。有时大风伴有雷雨，造成小麦倒伏。局部地区有时出现冰雹，使小麦、春苗、果树、瓜菜受损。

**谚语 1** 小满不少雨，黄梅少雨水。

> **注释：** 小满时节多雨，则黄梅期少雨水。

**谚语 2** 小满不满，黄梅不管。小满满，黄梅管。

> **注释：** 小满时节里雨水偏少，则黄梅期雨水也偏少，满和管都是下雨的意思。

**谚语 3** 小满能满，黄梅能管。

**注释**：小满时节雨多，那么黄梅期雨水也多。

**谚语 4**　小满满池塘，芒种满大江。

**注释**：小满时节降水多，则芒种时节降水也多，雨量大。

**谚语 5**　四月初一天漏，种花不如种豆。

**注释**："天漏"指下雨，农历四月初一下雨的话，以后将多雨，对棉花生长不利，还是种豆好。

**谚语 6**　四月十四雨绵绵，夏熟庄稼收成歉。

**注释**：农历四月十四如下雨，夏收时可能多阴雨。

**谚语 7**　端五不落端六落，端六落雨烂脱瓦。

**注释**：端五、端六即农历五月初五、初六，这两天如下雨，下阶段将多雨。

主要农事活动有：①小麦进入灌浆、乳熟阶段，应浇麦黄水，预防干热风，防治白粉病、锈病、蚜虫等。②麦田套种玉米、棉花、花生等。③防治棉花、谷子、果树、蔬菜上的病虫害。④棉田除草、修棉、追肥、浇水，粮田中耕锄草，晚播田查补间定苗。⑤搞好小麦种子的田间去杂。⑥备好收割、打轧、播种机具，运地头肥，备妥良种。⑦搞好蔬菜林果生产。⑧管好牲畜，特别注意对怀孕母畜的管理。

## （九）芒种

太阳黄经为75度，这时最适合播种有芒的谷类作物，如晚谷、黍等。如过了这个时候再种有芒的作物就不好成熟了。同时，"芒"指有芒作物如小麦、大麦等，"种"指种子。芒种也表明小麦等有芒作物成熟。芒种前后，我国中部的长江中下游地区雨量增多，气温升高，进入连绵阴雨的梅雨季节，空气非常潮湿，天气异常闷热，各种器具和衣物容易发霉，所以在我国长江中下游地区叫"黄梅天"。"芒种"时值公历6月5日前后，长江中下游地区常年平均气温 23~24 ℃，最高气温超过 35 ℃。本节气值雨季前夕，降水仍然不多，而年际间差别大，局部地区往往出现冰雹，砸毁小麦、春苗、瓜菜等。有的年份干热风频繁，小麦晚熟品种受损严重。少数年份阴雨连绵，影响小麦打轧，造成霉烂。

**谚语 1**　芒种雷，谷成堆。

注释：芒种打雷，预示风调雨顺丰收年。

**谚语 2**　端阳无龙舟水，六、七月有台风暴雨，水浸腿。

注释：端阳前后不下大雨的话，则农历六、七月有台风、暴雨影响。

**谚语 3**　五月十三青光，床底下面摸蚌。

注释：农历五月十三如晴天，汛期里将多雨发大水。

**谚语 4**　五月二十分龙，二十一雨，破车放在弄堂里；五月二十分龙，二十一晴，拔起黄秧就种豆。

注释：分龙为中国民间传统节日，俗有五月多雨，龙分各域之说。五月二十一下雨，下阶段多雨；五月二十一晴，下阶段主旱（少雨）。

**谚语 5**　五月南风发大水。

注释：农历五月里，南风多且风力5级以上，下阶段则多雨。

**谚语 6**　五月十三，天气必瘫。

注释："瘫"是落雨的意思，农历五月十三下雨的可能性较大。

**谚语 7**　芒种雨绵绵，夏至火烧天。

注释：芒种时节多阴雨，则夏至时节多晴天。

**谚语 8**　芒种遇雨，年丰物美。

注释：芒种下雨，预示风调雨顺丰收年。

**谚语 9**　芒种一声雷，莳里三日雨。

**注释：** 芒种打雷，对应莳里（移植秧苗的时节）下三日雨。

**谚语 10**　芒种日晴热，夏至多大水。

**注释：** 芒种天气晴热，对应夏至时节多阴雨。

**谚语 11**　芒种刮北风，旱断青苗根。

**注释：** 芒种吹北风的话，接下来晴天少雨。

主要农事活动有：①麦田选种，抓紧收割，做到精收细打，颗粒归仓，注意防风、防雹等。②加强麦田套种作物的管理。③抓紧播种夏玉米、大豆等。④高粱、玉米制种田去杂草。⑤棉田适时追肥、浇水、松土、治虫、修棉。⑥加强林果、畜牧、水产管理。

## （十）夏至

太阳黄经为 90 度，阳光直射北回归线。这一天是北半球白昼最长、黑夜最短的一天，从这一天起，进入炎热季节，天地万物在此时生长最旺盛。所以古时候又把这一天叫做日北至，意思是太阳直射到最北的一日。"夏至"时值公历 6 月 21 日前后，交节这天白昼最长，日后白昼渐短，温度继续升高，长江中下游地区平均气温 26 ℃，由于东南季风增多，降水量也随之增多，一般 40~50 毫米。雨季多在 6 月底、7 月初开始。有的年份出现暴雨，本节气往往冰雹次数多且严重。

**谚语 1**　夏至西南淹小桥。
**谚语 2**　夏至西南风，雨水要来冲。
**谚语 3**　夏至前后吹南风，紧紧跟着雨公公。
**谚语 4**　夏至起西南，莳里雨潭潭。
**谚语 5**　夏至打西南，高山变龙潭。
**谚语 6**　夏至西南风，连日雨濛濛。

**注释：** 夏至吹西南风或南风，预示后阶段多雨水。

**谚语 7**　夏至有雨三伏冷。

**注释**：夏至下雨预示夏天气温偏低，三伏天就感觉凉爽。

**谚语 8** 夏至无雨三伏热。

**注释**：夏至无雨预示夏天气温偏高，三伏天就感到热。

**谚语 9** 夏至有风三伏热。

**注释**：夏至出现 5 级以上风，预示三伏天温度高。

**谚语 10** 夏至闻雷三伏旱。

**注释**：夏至打雷，则三伏天少雨主旱。

**谚语 11** 夏至西北风，黄花要变脓。

**注释**：夏至吹西北风，棉花吐絮时会多雨。

**谚语 12** 夏至是晴天，有雨在秋边。

**注释**：夏至晴天，对应秋天多雨。

**谚语 13** 夏雨隔牛背，乌鸦湿半翅。

**注释**：这条谚语体现了夏季雷阵雨的特点，夏季的雨有时只隔一条小河，河东日头河西雨。夏季的雷阵雨有时是由于局地受热，温度很快上升，空气上冷下热，产生强烈对流作用形成的。积雨云移动到哪里，雨就下到哪里；积雨云有多大范围，就下多大范围的雨。因此，就有"夏雨隔牛背，乌鸦湿半翅"的说法。

**谚语 14** 夏至无云三伏热。

**注释**：长江中下游地区的梅雨期常年在 7 月上旬结束，也有少数年份提前在 6 月下旬就结束，这样夏至节气就受副热带高压控制，天空万里无云，火一般的太阳整天照射大地，气温一天天升高，到了三伏天就显得更热了。

**谚语 15** 夏至晴，大熟年。

注释：夏至晴天，预示后阶段天气正常，有利于作物生长，可获丰收。

**谚语 16** 夏至西北风，菜园一扫空。

注释：夏至吹西北风，预示后阶段多雨，对种植蔬菜不利。

主要农事活动有：①春播粮食作物及时追肥、浇水、松土、除草、治虫等。②夏播作物查、补、间、定苗。③加强棉花田间管理。④春玉米、高粱制种田拔除杂株，玉米母本及时去雄。⑤管好蔬菜，及时收刨大蒜。⑥加强林果畜禽管理。⑦培育鱼苗，人工催产，防治鱼病。⑧保护利用青蛙。

## （十一）小暑

太阳黄经为 105 度，天气已经很热，但不到最热的时候，所以叫小暑。此时，已是初伏前后。"暑"是炎热的意思，"小暑"表示虽然热，但还不如"大暑"炎热。本节气时值公历 7 月 7 日前后，进入"伏天"，常年以"中伏"最热。长江中下游地区平均气温 26~27 ℃，最高气温超过 40 ℃。降水 90 毫米以上，个别年份（如 1961 年）在 350 毫米以上，是全年降水最多的一个节气，并会出现大暴雨、雷电和冰雹，但有的年份也会出现伏旱。

**谚语 1** 小暑一声雷，倒过来转黄梅。

**谚语 2** 小暑一声雷，黄梅依旧归。

**谚语 3** 小暑落雨，倒转黄梅十八天。

**谚语 4** 小暑头上一阵雷，阵阵雨头打黄梅。

**谚语 5** 小暑日落雨，倒黄梅。

**谚语 6** 雨打小暑头，四十五天不用牛。

**谚语 7** 小暑当前一个雷，半月黄梅倒转来。

**谚语 8** 小暑一声雷，倒转做晚黄梅。

**谚语 9** 小暑一声雷，要做七十二个野黄梅。

注释：长江中下游地区按常年气候变化规律来说"小暑"（7 月 7 日左右）是梅雨即将结束进入盛夏的交替时期，然而，冷暖空气势力的强弱和进退的早晚每年都不一样，如果"小暑"打雷，说明当年冷空气较强，当暖空气短期内减弱南移时，北方冷空气乘虚而入，形成冷暖空气势均力敌的状态，造成类似梅雨的一次较长时间的阴雨天气，所以人们总结出"小暑一声雷，倒过来转黄梅"等同类型的天气谚语。

**谚语 10** 小暑里头七天阴，一个月内难得晴。

**注释：** 小暑时节里如果有 7 个雨日，则后面的一个月里阴雨日将偏多。

**谚语 11** 小暑起燥风，日夜好天公。

**注释：** "燥风"指南三面风（即南风、南东南风、东南风）。小暑吹南三面风，说明受单一的副热带高压控制，未来有一段晴好天气。

**谚语 12** 小暑西南风，骑马拆车篷。

**注释：** 小暑吹西南风，未来有一段晴好天气。

**谚语 13** 小暑打雷三伏旱，夏至打雷三伏干。

**注释：** 此条天气谚语反映小暑时节暖空气势力特别强，一下子把冷空气推到华北，本地处在稳定的副热带高压控制下，较早进入干旱少雨的盛夏季节。偶尔出现"干打雷"的情况，也无法改变三伏天干旱少雨的天气。

**谚语 14** 小暑不热，小雪不冷。

**注释：** 按气候规律变化，出现小暑不热的天气，那么小雪不会冷。

**谚语 15** 暑晚烧，云雨逃。

**注释：** "晚烧"是指小暑出现晚霞，那么未来天气晴好。

主要农事活动有：①加大防汛、抗旱力度。②加强棉田管理。③晚秋作物定苗、松土、追肥、浇水、治虫。④结合灭草荒，大力沤制绿肥。⑤种植萝卜等秋菜。⑥雨季造林。⑦管好牲畜，收割青草。⑧加强水产管理。

## （十二）大暑

太阳黄经为 120 度，大暑是一年中最热的节气，正值二伏前后，长江流域的许多地方，经常出现 40 ℃ 的高温天气。要做好防暑降温工作。这个节气雨水多，有"小暑大暑，淹死老鼠"的谚语，要注意防汛防涝。"大暑"时值公历 7 月 23 日左右，长江中下游地区平均气温 27~28 ℃，最高气温超过 40 ℃。局部降水量 80~90 毫米，相对湿度 80%~90%，常有雷雨、冰雹出现，但有些年份有伏旱。

**谚语 1**　小暑不算热，大暑三伏天。

**注释**：小暑是梅雨即将结束进入盛夏的过渡时期，天气开始转暖，真正的高温天气出现在大暑三伏天。

**谚语 2**　小暑不见日头，大暑晒开日头。

**注释**：小暑阴天（不见日头），到了大暑天晴温高。

**谚语 3**　小暑热得透，大暑凉飕飕。

**注释**：小暑热得透，反映暖高压来得早，不到大伏天就出现高温天气，相应暖高压撤退得早，到了大暑节气反而凉飕飕了。

**谚语 4**　小暑银雨，大暑金雨。

**注释**：小暑、大暑时节正值伏旱阶段，副热带高压势力强，不易下雨，而棉花、水稻等农作物很需要雨水，所以这时的雨显得如金银般珍贵。

**谚语 5**　小暑交大暑，避暑没避处。

**注释**：在盛夏季节，天热（经常出现 35 ℃ 以上的高温）少雨，出现没处避暑的困境。

**谚语 6**　大暑六月中，热来不通风。

**注释**：大暑出现农历六月中旬，正是三伏大热天。

主要农事活动有：①防洪、排涝、抗旱。②雨后锄地，消灭草荒，防治病虫。③棉花中耕、追肥、治虫、打顶、抹杈、掐边心。④大搞积肥，大沤绿肥。⑤利用空闲地广种萝卜等蔬菜。⑥雨季造林。⑦管好牲畜，预防日晒病、烂蹄病、割晒青草。⑧加强水产管理，预防泛塘。

## （十三）立秋

太阳黄经为135度。秋，春华秋实，是植物快成熟的意思。从这一天起秋天开始，秋高气爽，月明风清。此后，气温由最热逐渐下降。"立秋"时值公历8月7日左右，习惯上表示秋季的开始，但气温未降至秋季标准，故有"三伏不尽秋到来"之说。气温开始下降，长江中下游地区平均气温26~27℃，最高气温仍在35℃以上，一般早晚有些凉意，中午前后依然炎热。降水量开始减少，一般70~80毫米，常有大风和暴雨出现，但也有些年份出现早秋旱。一般光照充足，有利于早秋作物的生长发育。

**谚语1** 立秋西北风，秋雨少。

注释：立秋刮北风和西风都是干冷气团控制的表现，会出现干燥少雨的天气。

**谚语2** 立秋东北风，秋雨多。

注释：立秋吹东北风，反映暖湿气流活跃，造成多阴雨天气。

**谚语3** 立秋无雨秋干热，立秋有雨秋啦啦。

注释：立秋无雨显示单一暖气团控制，出现天气晴热。立秋有雨则表示暖湿气流与北方冷空气交汇造成降水，并将出现连续阴雨天气。

**谚语4** 秋前无雨水，白露雨来淋。

注释：立秋前少雨，对应白露时节多阴雨天气。

**谚语5** 立秋响雷，百日来霜。

注释：立秋打雷，相隔百天左右来霜。

**谚语 6** 立秋雷响，损失百担粮。

**注释**：立秋响雷，反映了空气不稳定，冷暖空气交锋剧烈，易产生雷雨，对农作物生长不利，尤其是对秋熟作物，故有损失百担粮的说法。

**谚语 7** 立秋后落一场雨，天凉一次。

**注释**：立秋后天气渐渐转冷，但立秋后下雨必有冷空气影响本地，加快气温的下降。

**谚语 8** 立秋无雨，最添愁。

**谚语 9** 立秋无雨最堪忧，大熟年成一半收。

**注释**：立秋无雨，预示后面天气干旱少雨，对秋季生长的作物不利，特别是对晚熟水稻等作物。

**谚语 10** 立秋有雨，秋收欢喜。

**谚语 11** 立了秋，哪里有雨哪里收。

**谚语 12** 立秋三场雨，一批稻变成米。

**谚语 13** 立秋三日雨，葱蒜萝卜一起收。

**谚语 14** 立秋一场雨，遍地是黄金。

**谚语 15** 雨打秋，件件收。

**注释**：这里立秋雨指小到中雨，不是指大到暴雨，适量的雨有利于秋季作物生长，对水稻灌浆有利。

**谚语 16** 立秋处暑有阵头，三秋天气雨不愁。

**注释**："阵头"指雷阵雨，立秋有雷阵雨，冷暖空气交汇活跃，三秋多雨。

**谚语 17** 秋日落雨，秋飕飕。

**注释**：立秋下雨，必有冷空气影响本地，气温明显下降，感觉冷飕飕。

**谚语 18** 雨打秋头，无草饲牛。

**谚语 19** 雨打立秋头，晚稻喂黄牛。

**谚语 20** 立秋有雨，万人欢。

**注释**：立秋下雨，有利于秋季作物生长，对秋季成熟的水稻特别有利，类似春天青草变成麦的好年景了。

**谚语 21** 立秋响雷公，秋后无台风。

**注释**：立秋响雷公即立秋打雷，预示秋后不会来台风了。

主要农事活动有：①加强棉花中后期管理，分期打边心，去空枝，酌情疏老叶，防烂铃。②加强晚秋粮食作物的管理。③种好大白菜等秋菜。④积肥造肥，为秋种备足肥料。⑤管好果林。⑥加强牲畜管理，预防牛流感等疾病，促膘肥体壮，以利秋耕秋种期间的使役。⑦加强水产生产。

## （十四）处暑

太阳黄经为 150 度，这时夏季的火热已经到头了。暑气就要散了，它是温度下降的一个转折点，是气候变凉的象征，表示暑天终止。"处暑"时值公历 8 月 23 日左右，"处暑"是隐藏、终止的意思，说明暑气渐消，夏天随之过去，早晚虽凉，中午还是炎热的，温差增大。长江中下游地区平均气温 24~25 ℃，比前一个节气降 2 ℃左右。降水显著减少，平均 30 毫米，常出现秋旱，但个别年份降雨量达 100 毫米以上。

**谚语 1** 处暑难得阴，白露难得晴。

**注释**：处暑一般是晴天，白露一般是阴天。

**谚语 2** 处暑雨不通，白露万物空。

**注释**：处暑时节少雨，则白露时节多阴雨。

**谚语 3** 处暑雨，粒粒皆是米。

**谚语 4** 处暑里的水，谷仓里的米。

**注释**：处暑下雨，有利于农作物生长，出现粒粒皆米的丰收景象。

**谚语 5** 处暑打雷，百日无霜。

> **注释**：处暑这天打雷预示百天内气温偏高，不会出现霜。处暑处于天气由热转凉、气温下降的初始阶段，不下雨或下很少的雨的雷电天气多是高气压下局部对流所致，这样的打雷天气表明仍然很热，表明秋季冷空气来得比较晚，秋霜会来得比较晚。故百日内不会出现霜。

**谚语 6** 处暑鸣雷，火扬三堆。

> **注释**：处暑鸣雷，显示暖湿空气比较活跃，雨水偏多，有利于谷类作物生长。

主要农事活动有：①高粱、春玉米、谷子等早秋作物成熟，应搞好选种，及时收获。②加强棉花的后期管理，棉花开始吐絮，要及时采摘、交售。③加强粮食作物的后期管理，运地头肥，早倒茬耕翻，做好秋种准备。④绿肥作物在盛花期压青。⑤管好秋菜，大棚蔬菜垒好墙体。⑥梨、苹果、枣陆续成熟，及时摘收。⑦加强牲畜管理。⑧加强水产生产。

# （十五）白露

太阳黄经为 165 度，天气转凉，地面水汽结露增多。"白露"时值公历 9 月 8 日左右，表示天气渐凉，空气中的水蒸气在夜晚常在草木等物体上凝成白色的露珠。长江中下游地区平均气温 20~22 ℃，最高气温在 30 ℃左右，日温差为全年之冠，白昼炎热，夜晚凉冷。降水量继续减少，一般 15~20 毫米，多数年份在 10 毫米以下，甚至无雨，一般情况下，白露时节风和日丽，天高气爽，光照充足，有利于作物的成熟和棉桃开裂。

**谚语 1** 白露日雨，到一处坏一处。
**谚语 2** 白露日下雨，来一路苦一路。

> **注释**：白露时节下雨，显示冷暖空气交汇频繁，雨日雨量将会增多。由于暖湿气流在本地控制一段时间，往往会出现气温偏高的天气，这样有利于病虫害的盛发，对蔬菜、瓜果生长都不利。久而久之，在群众中形成了一个概念：白露日的雨，到一处坏一处。

**谚语 3**  白露日东北风，十个铃子九个脓。

注释：白露吹东北风，下阶段雨水就要偏多，造成棉花烂铃，所以有"十个铃子九个脓"的谚语。

**谚语 4**  秋前无雨水，白露狂来淋。

注释：立秋时节雨水偏少，对应白露时节里将多雨。

**谚语 5**  白露秋风夜，一夜冷一夜。

**谚语 6**  白露西风夜，一夜冷一夜。

注释：白露时节，毕竟立秋后已经一个月了，夜晚与伏天不同，地表温度降得很快，加上吹西风，风大一点，真是一夜冷一夜了。

**谚语 7**  白露身勿露。

注释：到了白露，已凉意侵人，不能穿太少。

**谚语 8**  白露乌云块，又有荞麦又有菜。

注释：白露出现乌云块，未来天气正常，风调雨顺，荞麦、蔬菜等作物丰收在望。

**谚语 9**  白露无雨，百日无霜。

注释：白露无雨，显示天气稳定，无强冷空气南下，近期不会出现霜，故有百日无霜之说。

**谚语 10**  白露干一干，寒露宽一宽。

**谚语 11**  白露宽一宽，寒露干一干。

注释：白露少雨，那么寒露多雨水，反之亦然，两者呈反向关系。

**谚语 12**  白露不暴霜降暴。

注释："暴"指下雨，白露不下雨，则霜降下雨，两者呈反向关系。

**谚语 13**　白露白迷迷，秋分稻秀齐。

注释：白露不下雨，对后阶段水稻秀齐十分有利。

**谚语 14**　秋前南风多晴天，秋后南风一两天。

注释：农历八月前吹南风，一般都是晴好天气。进入八月后吹南风，则一两天后就下雨了。

**谚语 15**　早夜凉风，干到重阳。

注释：白露后早夜风凉，中午气温升高，昼夜温差大，天气将继续晴好。

**谚语 16**　白露多雨，寒露枯。

注释：白露多雨水，则寒露少雨水，这两个节气相距一个月，两者之间呈反向关系。

　　主要农事活动有：①棉花进入吐絮盛期，及时摘花、继续修棉。②搞好玉米选种，粮食作物成熟后及时倒茬、灭茬、运肥、浇水、耕翻、耙耱，以备播种冬小麦。③选换小麦良种，做好发芽试验，备足农药、化肥，检修耕播机具。④加强秋菜管理。⑤及时摘收枣、梨、苹果等。⑥大搞青贮玉米秸，做好秋季家畜配种及畜禽防疫。⑦搞好渔业生产。

## （十六）秋分

　　太阳黄经为 180 度，秋分这一天同春分一样，阳光直射赤道，昼夜等分。从这一天起，阳光直射位置继续由赤道向南半球推移，北半球开始昼短夜长。依我国农历的秋季论，这一天刚好是秋季 90 天的一半，因而称秋分，但在天文学上规定，北半球的秋天是从秋分开始的。"秋分"时值公历 9 月 23 日左右，意思是昼夜平分。秋分过后，白天渐短，气温显著下降，长江中下游地区平均气温 16~18 ℃，最高 25 ℃左右。降水量一般在 15~20 毫米，有的年份在 30 毫米以上，但有些年份在 10 毫米以下，甚至无雨。晴朗天气较多，天高气爽，气候宜人，是播种小麦的有利时机。

　　**谚语 1**　秋分有雨，来年丰。

**注释**：秋分下雨的话，那么第二年天气正常，雨水调匀，对农业生产有利，预示丰收年。

**谚语 2**　秋分无雨春分补。

**注释**：秋分时节少雨，对应来年春分时节多雨。

**谚语 3**　秋分白云多，处处好晒禾。

**注释**：秋分白云多，表示天气稳定、晴好，出现处处好晒谷的景象。

**谚语 4**　一场秋雨一场凉，十场秋雨要着棉衣裳。

**注释**：秋季每次下雨，必有冷空气影响本地，气温逐渐下降，故有"一场秋雨一场凉"的说法。

**谚语 5**　秋分西北风，冬天多雨雪。

**注释**：秋分吹起西北风，则冬天多雨雪。

主要农事活动有：①晚秋作物开始收割，要精收细打，颗粒归仓。②进入秋季大忙季节，保质保量地种好小麦。③及时采摘棉花，晚熟地块还要修棉，9月底10月初喷洒乙烯利促熟。④种好菠菜等越冬蔬菜，大棚、小棚菜扣膜。⑤管好果林，采摘果品。⑥牲畜发情旺季，抓紧配种，搞好畜禽防疫，继续搞好玉米秸青贮。⑦加强水产生产。

## （十七）寒露

太阳黄经为195度，白露后，天气转凉，开始出现露水，到了寒露，则露水日多，且气温更低了。所以，有人说，寒是露之气，先白而后寒，是天气逐渐转冷的意思，而水汽则凝成白色露珠。"寒露"时值公历10月8日左右，表示气温低，长江中下游地区平均气温14~16℃，有些年份出现霜冻。降水量15毫米左右，多数年份不足10毫米，有些年份无降水，个别年份降雨颇多。光照充足，是全年日照百分率最大的节气。

**谚语 1**　寒露晴天，来年春雨多。

注释：寒露时节多晴天，对应下一年春雨多。

**谚语 2** 寒露多雨，芒种少雨。

注释：寒露时节多雨水，对应下一年芒种时节少雨，两者呈反向关系。

**谚语 3** 寒露有霜，晚稻受伤。

注释：寒露有霜，反映冷空气强，降温幅度大，会引起晚稻冻害。

**谚语 4** 到寒露，百草枯。

注释：寒露一般在 10 月 8 日左右，长江中下游地区早晚已带寒意。节气里如果遇上势力强的冷空气，则气温明显下降，出现秋风萧瑟、落叶纷飞、百草枯黄的景象。

主要农事活动有：①抢时间，保质保量地种好小麦。②继续收获夏玉米、高粱、大豆、花生等作物，大豆田间选种。③及时摘收棉花。④挖好地瓜窖，留种地瓜在霜前收获、存放。⑤管好秋菜，大棚内播种黄瓜、西红柿等。⑥管好果林，采集树种，采摘晚熟果品。⑦大力收集替代食品和牲畜饲草。⑧育肥越冬鱼种，起捕成鱼，采莲藕、芡实。

## （十八）霜降

太阳黄经为 210 度。天气已冷，开始有霜冻了，所以叫霜降。"霜降"时值公历 10 月 23 日左右，含有天气渐冷、开始降霜的意思。纬度偏低的南方地区，平均气温多在 16 ℃左右，离初霜日期还有三个节气。在华南南部河谷地带，则要到隆冬时节才能见霜。当然，即使在纬度相同的地方，由于海拔高度和地形不同，贴地层空气的温度和湿度有差异，初霜期和霜日数也就不一样了。

**谚语 1** 霜降见霜，米烂陈仓。

注释：霜降见霜，预示年景不好。

**谚语 2** 超前下霜，严防秋荒。

注释：超前下霜，反映冷空气来得早，冷得早对小麦、油菜等作物生长不利。

**谚语 3** 霜降西北风，当夜来霜。

注释：霜降吹西北风，本地处在冷高压控制下，夜间天清月明，晴空无云，由强烈辐射冷却形成霜，故有"当夜来霜"之说。

**谚语 4** 霜降东南风，四十天来霜。

**谚语 5** 霜降日东南风，四十五天见霜。霜降日西北风，一星期内见霜。

注释：霜降吹东南风，反映本地处在暖气团内，天气相对暖和，短时间内不会出现白霜，一般要 40 天后出现霜。

**谚语 6** 霜降无雨，清明断车。

注释：霜降时节晴天少雨，那么到了下一年清明时节多阴雨。

主要农事活动有：①抓紧查补小麦苗，复治地下害虫。②收藏切晒地瓜，粮食入库。③抓紧棉花摘收、出售。④及时收藏秋菜，大棚黄瓜嫁接。⑤搞好复收，收集饲草。⑥搞好林果行翻掘，增施肥料。⑦管好牲畜，严防啃青苗。⑧继续捕捞成鱼，采莲藕、芡实。⑨消灭害鼠。⑩开展农田水利建设。

## （十九）立冬

太阳黄经为 225 度。习惯上，我国人民把这一天当作冬季的开始。冬，作为终了之意，是指一年的田间操作结束了，作物收割之后要收藏起来的意思。立冬一过，我国北方地区河流即将结冰，我国各地农民都将陆续转入农田水利基本建设和其他农事活动中。"立冬"时值公历 11 月 7 日左右，习惯上认为是冬季的开始。本节气多偏东北风，寒潮天气增多，温度迅速下降，长江中下游地区平均气温 7~9 ℃，比前一个节气降低 4~5 ℃，最高气温在 20 ℃以下，最低气温常达 -4~-2 ℃，土壤开始冻结（夜冻日融），水面开始结冰，常有晨雾出现。降水量 10 毫米左右，个别年份在 50 毫米以上，有些年份始见雪。

**谚语 1** 立冬下雨，一冬阴。

**谚语**2  立冬天好，一冬晴。

**谚语**3  立冬晴，一冬晴。立冬雨，一冬雨。

**谚语**4  立冬晴，一冬干。

**谚语**5  立冬阴，一冬阴。

注释：五条谚语都说明立冬下雨（或者阴）则冬季多阴雨天，立冬天晴，则冬季天晴少雨，这与立冬时控制当地的冷空气势力强弱有关。冷空气势力强，冬天晴好，整个冬季天晴少雨，反之，冷空气势力弱，遭受南方暖湿气流侵袭便会造成阴雨天气。

**谚语**6  立冬西北风，来年五谷丰。

**谚语**7  立冬西风起，蚕豆小麦吃不光。

**谚语**8  立冬若遇西北风，定主来年五谷丰。

注释：立冬吹西北风或西风，表示受北方冷气团控制，天晴少雨，天气寒冷，温度低，能冻死对作物不利的害虫，有利于来年作物生长，达五谷丰登。

**谚语**9  立冬东南风，立夏干松松。

注释：立冬吹东南风，对应来年立夏时节多晴天。

**谚语**10  立冬晴，柴米堆得满地剩。

注释：立冬晴，由于受北方冷空气控制，天晴少雨，寒冷，少病虫害，有利于农作物生长，出现稻米堆满仓的丰收景象。

**谚语**11  立冬无雨一冬晴。

注释：立冬无雨，后面整个冬天干旱少雨。

**谚语**12  冬前不下雨，来春多阴雨。

注释：冬前少雨，来年春天降水偏多。

**谚语**13  立冬白一白，晴到割大麦。

**注释**：立冬白一白指立冬下雨，那么来年春天多晴天少雨。

**谚语 14** 立冬过了七朝霜，河里黄鳝吊上桑。

**注释**：由于受冷气团控制，立冬时气温迅速下降，连降白霜，冻得河里黄鳝上窜。

**谚语 15** 冬前不结冰，冬后冻死人。

**谚语 16** 冬前不结冰，冬后冷吃惊。

**注释**：冬前不大冷，冬后必受强的冷空气入侵，气温迅速下降，带来严寒与冰冻。

**谚语 17** 冬前结冰凌，冬后不穿棉。

**谚语 18** 冬前冻坡地，冬后不盖被。

**注释**：冬前冷，说明冷空气来得早，严寒出现得早，气温回暖也随之变早。

**谚语 19** 立冬鹧鸪啼，立春雪花飞。

**注释**：立冬天晴气爽，迎来鹧鸪鸣叫，对应来年立春出现雨雪天。

主要农事活动有：①浇好小麦封冻水，结合浇水追肥、松土。②搞好复收，拔棉柴，抓紧冬耕。③收刨大葱、胡萝卜等蔬菜，管好大棚菜。④开展冬季植树造林，继续采集树种。⑤加强牲畜初冬管理。⑥越冬鱼塘并塘，鱼塘蓄水。⑦大搞农田基本建设，根治旱涝盐碱。⑧搞好多种经营。⑨开展冬季灭鼠。

## （二十）小雪

太阳黄经为 240 度。气温下降，开始降雪，但还不到大雪纷飞的时节，所以叫小雪。小雪前后，黄河流域开始降雪（南方降雪还要晚两个节气），而北方已进入封冻季节。"小雪"时值公历 11 月 22 日左右，小雪后，温度剧烈下降，长江中下游地区平均气温 3~4 ℃，比前一个节气下降 3~5 ℃，最高气温在 10~12 ℃，最低气温 −5~−4 ℃，极个别年份达 −20 ℃左右。冻土深度可达 6~8 厘米，尚处在不稳定冻结阶段，多数年份在该时期仍可冬耕。降水量平均6~8毫米，多数年份不足3毫米。

**谚语1** 小雪雪满地，大丰在来年。

**谚语2** 小雪雪满天，来岁定丰年。

注释：小雪时节多次下大雪，对农业生产有利。

**谚语3** 小雪无云大旱。

注释：小雪晴天，后面会有一段少雨干旱天气。

**谚语4** 小雪是晴天，有雪在骑年。

注释："骑年"指春节，小雪是晴天，那么春节前后要下雪。

**谚语5** 小雪夜里满天星，来年宿债全还清。

注释：小雪夜里满天星，预示来年天气正常，出现风调雨顺的好天气。对农作物生长有利，是个丰收年，收入增加，宿债还清。

**谚语6** 小雪晴无雨，来年会要旱。

注释：小雪晴天无雨，来年少雨干旱。

**谚语7** 小雪无云莫种田。

注释：小雪无云，预示后面天气不正常，不利于农业生产。

**谚语8** 小雪夜里雨，种田人碗中饭。

注释：小雪夜里下雨，年成好。

主要农事活动有：①继续冬灌小麦，灌后松土。②抓紧拔棉柴（结出棉桃后枯干的棉花枝条）、冬耕。③收割大白菜，管好越冬菜和大棚、小棚瓜菜。④开展冬季积肥。⑤继续植树造林。⑥加强牲畜、鱼塘越冬管理。⑦大力修筑台田、条田，平整土地，搞好农田基本建设。⑧搞好多种经营、副业生产。

## （二十一）大雪

太阳黄经为255度。大雪前后，黄河流域一带渐有积雪；而北方，已是"千里冰封，万里雪飘"的严冬了。"大雪"时值公历 12 月 7 日左右，含义是降雪开始增多，且地面开始有积雪。长江中下游地区平均气温 0 ℃，最高气温 7~9 ℃，最低气温 –8~–6 ℃，个别年份 –17~–16 ℃。土壤开始封冻，最大冻土深度 10 厘米，有些年份冻土浅，中午前后仍可耕地。降水稀少，平均 2~3 毫米。雾日较多，为全年之冠。

**谚语 1**　小雪不冻地，大雪不封河。

> **注释**：小雪不冷，那么大雪也不会太冷，反映冷空气南下势力弱，降温幅度不大。

**谚语 2**　小雪封地，大雪封河。

> **注释**：小雪冷得足，那么大雪冷得更厉害，反映冷空气南下势力强，降温幅度大，大的寒潮来袭会降温十几摄氏度，在长江中下游地区要到零下十几摄氏度，出现地冻，河流、湖泊结上冰。

**谚语 3**　小雪大雪无云，小满芒种多风雨。

> **注释**：小雪、大雪无云，对应来年小满、芒种多风雨。

**谚语 4**　小雪无云大雪补，大雪无云要春旱。

> **注释**：小雪无云，大雪多云。大雪无云，来年春天会少雨干旱。

**谚语 5**　大雪不冻，惊蛰不开天。

> **注释**：大雪时节不冷，那么惊蛰时节多雨水。

主要农事活动有：①继续划锄小麦，特别是冬灌麦田，务必划锄，以保墒、增温、防冻裂。②趁地封冻未牢，抓紧冬耕。③继续冬季造林护林，管好果林。④继续开展冬季积肥，修理栏舍，保护牲畜安全越冬。⑤挖沟、修渠、打井，水利配套。⑥开展多种经营，搞好副业生产。⑦管好鱼塘。

## （二十二）冬至

太阳黄经为 270 度。冬至这一天，阳光直射南回归线，北半球白昼最短，黑夜最长，开始进入数九寒天。天文学上规定这一天是北半球冬季的开始。而冬至以后，阳光直射位置逐渐向北移动，北半球的白天就逐渐长了，谚语云"吃了冬至面，一天长一线"。"冬至"时值公历 12 月 22 日左右，由于冬至这一天北半球白天最短，所以冬至又叫"日短至"。长江中下游地区平均气温 –3~–2 ℃，最高气温多数年份不足 8 ℃，最低气温 –15~–12 ℃，个别年份达 –20 ℃。随着气温的降低，冻土逐渐加深，一般达到 15~20 厘米。冬至是一年当中降水量最少的一个节气，平均降水量仅有 1.0 毫米，多数年份无降水或仅有微量降水。

**谚语 1** 冬至前后三朝霜，来年丰收有希望。

**谚语 2** 冬至大霜，明年兴旺。

**谚语 3** 冬前霜多，来年早稻好。

**谚语 4** 冬后霜多，来年晚稻好。

**谚语 5** 冬至寒风，明年粮丰。

**谚语 6** 冬至多风，寒冷年丰。

**谚语 7** 冬至前头七朝霜，有米无砻糠。

**谚语 8** 冬至多风，寒冷年丰。

**谚语 9** 冬前雪花飘，明年打好稻。

**谚语 10** 冬至晴，好稻在明年。

**谚语 11** 冬至晴，稻熟年。

注释：冬至前后天气寒冷，容易冻死病菌、虫卵，对明年水稻生长有利，能获丰收。

**谚语 12** 冬至没霜，白白没糠。

注释：冬至无霜，就是冬天不冷，温度偏暖，不利于冻死病菌、虫卵，于农作物有害，故年成不好，石臼里面也无米可打了。

**谚语 13** 冬至前后有雪，来年雨水多。

注释：冬至前后有雪，预示来年降水多。

**谚语 14** 干净冬至邋遢年，邋遢冬至干净年。

**谚语 15**　干晴冬至烂湿年，烂湿冬至干晴年。

**谚语 16**　晴冬烂年，烂冬晴年。

注释：干净指晴天，邋遢指阴雨。因为冬至这一天的天气与与其相隔 45 天的天气有韵律关系，按照这种解释用历史资料检验结果：凡是冬至日（包括前后各一天）天晴的，对应立春（包括前后各一天）将阴雨；相反，凡是冬至阴雨的，则立春将晴天。准确率为 80% 左右。冬至与立春是二十四节气中两个比较重要的节气，两者间隔 45 天，前者标志进入隆冬，后者标志进入早春，其中有一个从冬到春的季节转折，两者可能存在反向关系。

**谚语 17**　冬至在月头，卖牛买被暖床头。冬至在月尾，卖被买牛耕田头。

注释：冬至出现在农历十一月的月头，到年底要有两个月的寒冷期，寒冷期长，所以说卖牛买被，积极准备御寒。如果出现在月尾，那么到年底只有一个月的寒冷期，所以说买牛卖被，寒冷期很快就会过去，应积极准备春耕了。

**谚语 18**　冬至西南百日明，半晴半阴到清明。

注释：冬至吹西南风，反映暖湿气流势力强，而且活跃，带来后期的阴雨天气。

**谚语 19**　冬至上云天生病，阴阴湿湿到清明。

注释："天生病"是指阴雨天气，由强盛的南方暖湿空气与本地冷空气交汇而产生。

**谚语 20**　冬至月儿圆，四两棉被好过寒。

注释：冬至月儿圆，反映天气晴朗，大气稳定，没有强寒流入侵，气温不太冷。

**谚语 21**　冬至晴，正月雨。冬至雨，正月晴。

**谚语 22**　晴到冬至，落到年。

**谚语 23** 阴过冬至，晴过年。

**谚语 24** 冬至雨，年必晴。冬至晴，年必雨。

注释：冬至晴天，则正月多雨。若冬至下雨，则正月多晴好天气。呈反向关系。

**谚语 25** 冬至无云，旱黄梅。

注释：冬至无云，黄梅少雨。

**谚语 26** 冬至无雨，三伏热。

注释：冬至无雨，来年夏季三伏天天气热。

**谚语 27** 冬至落雨星不明，大雪纷纷步难行。

注释：冬至落雨，显示暖湿空气势力强，比较活跃，后期雨雪天增多，会出现大雪纷纷、走路困难的景象。

**谚语 28** 一年雨水看冬至。

注释：冬至在二十四节气中占很重要的位置，可根据这一天的天气情况预测下一年的天气，故出现"一年雨水看冬至"的说法。

**谚语 29** 冬至无霜，后春无糠。

注释：冬至无霜，预示后春雨水少，不利于农作物生长，会导致歉收。

**谚语 30** 冬至有霜，腊雪有望。

注释：冬至出现霜的话，那么腊月降雪的可能性就大。

**谚语 31** 冬至有霜，年里有雪。

注释：冬至有霜，对应立春节气内会下雪。

**谚语 32** 冬至打雷，明年干。

注释：冬至打雷，预示明年少雨。

主要农事活动有：①管好瓜菜窖及大棚、小棚瓜菜。②打井、深挖沟渠。③搞好牲畜圈棚的保温，保障牲畜安全越冬。

## （二十三）小寒

太阳黄经为 285 度。小寒以后，开始进入寒冷季节。冷空气积久而寒，小寒是天气寒冷但还没有到极点的意思。"小寒"时值公历 1 月 5 月左右，长江中下游地区平均气温 −5~−3 ℃，隆冬"三九"有大半天数处在本节气内，在南方，往往小寒比大寒冷，有小寒胜大寒之说，平均 5~7 天有一次寒潮侵入，最低气温多在 −20~−15 ℃，冻土深度一般 30~35 厘米。降水稀少，平均 2~3 毫米，少数年份降雪多。因温度低，往往小麦、果树、窖藏瓜菜及畜禽易遭受冻害。

**谚语 1** 小寒大寒，滴水成团。

> **注释**：小寒、大寒处于隆冬季节，是一年中最冷的时期，长江中下游地区最低气温都在 0 ℃以下，出现滴水结冰天气。

**谚语 2** 冬寒春雨少，冬暖春雨多。

> **注释**：冬寒是天气正常的表现，春雨正常偏少。冬暖反映天气异常，有可能春雨偏多。

**谚语 3** 寒水枯，春水铺。

> **注释**：冬季少雨，开春后将多雨。

**谚语 4** 寒风过冬雪。

> **注释**：冷空气南下刮大风容易出现雨雪天气。

主要农事活动有：①管好地瓜窖，严封窖口，窖温保持在 13 ℃左右。②加强大棚、小棚瓜菜管理，西红柿、黄瓜等采摘出售。③大搞积肥，单积草木灰。④防止牲畜啃青。⑤加强畜禽防寒措施，畜舍温度保持在 10 ℃以上。⑥鱼塘冰面积雪要及时清扫，以保持良好光线。⑦继续开展多种经营。

## （二十四）大寒

太阳黄经为 300 度。大寒就是天气寒冷到了极点的意思。大寒正值三九，谚语云："冷在三九""三九、四九冰上走"。大寒以后，立春接着到来，天气渐暖。至此地球绕太阳公转一周，完成了一个循环。"大寒"时值公历 1 月 20 日左右，是农历一年中最后一个节气，在南方，往往比上一个节气的气温有所回升，长江中下游地区平均气温 –4~–2 ℃，最低气温一般 –17~–14 ℃，极端最低气温可低于 –20 ℃。最大冻土深度 30~40 厘米，常为全年冻土最深的节气。降水稀少，有很多年份降水不到 1 毫米，个别年份在 5 毫米以上。常有寒潮来袭，出现大风天气。千里冰封、万里雪飘的北国风光在本节气内尤为突出。

**谚语 1** 大寒一场雪，来年好吃麦。

**谚语 2** 大寒三白，有益菜麦。

> **注释：** 大寒一场雪，对农作物起到了杀死病虫卵及保墒的作用，对小麦、油菜的生长十分有利，这里的"白"指下雪。

**谚语 3** 大寒雪水少，来年雨水少。

> **注释：** 大寒降雪少，预示着来年雨水少。

**谚语 4** 大寒天气暖，寒到二月满。

> **注释：** 大寒出现在 1 月下旬，这时本地仍受冷空气控制，天气还是寒冷的，有时受西南气流波动影响，出现短时间较暖的天气，但寒冷天气仍会继续到 2 月底。

**谚语 5** 大寒南风，五谷丰登。

> **注释：** 大寒吹南风，说明天气比较正常，农作物生长好，五谷丰登。

主要农事活动有：①结合春节，大搞卫生，积攒肥料。②加强大棚、小棚瓜菜管理。③加强林木果树的护理。④加强畜禽越冬管理，防止牲畜啃青。⑤继续开展多种副业生产。⑥总结经验教训，以利来年再上一个新台阶。

# 四季农时谚语

根据季节的变化，因时制宜，不违农时地安排生产，使庄稼的生长发育过程充分适应自然气候条件，以确保丰收，大批农谚都具有这种因时制宜的特点。

## （一）春季

**谚语** 1　过了正月半，家家寻事干。

**谚语** 2　一年之计在于春。

**谚语** 3　宁丢一日金，不丢一日春。

**谚语** 4　种田不为难，抓住节气关。

**谚语** 5　不识时，要误时。

**谚语** 6　不抓时，要失时。

**谚语** 7　节气抓不好，一年算拉倒。

**谚语** 8　节气不饶苗，岁月不饶人。

**谚语** 9　不懂时节，不识气象。

**谚语** 10　识天时，种庄稼，年丰人寿。

**谚语** 11　谷雨前，好种棉。

**谚语** 12　清明谷雨两相连，浸种耕田莫迟延。

**谚语** 13　谷雨下谷种。

**谚语** 14　早种三分收，晚种三分丢。

**谚语** 15　季节不饶人，种田赶时分。

**谚语 16**  人误地一时，地误人一季。

**谚语 17**  误了当年，地闲一年。

**谚语 18**  大地回春，抓紧春耕。

**谚语 19**  过了惊蛰节，耕田不用力。

**谚语 20**  立春晴一日，耕田不用力。

**谚语 21**  立春多天晴，土松好耕田。

**谚语 22**  春耕、夏锄、秋收、冬藏。

**谚语 23**  春勿种，秋勿望。

**谚语 24**  春隔日，夏隔时，芝麻宜早不宜迟。

**谚语 25**  春争日，夏争时，万事宜早不宜迟。

**谚语 26**  春争日，夏争时，庄稼宜早不宜迟。

**谚语 27**  春耕抓得早，地里杂草少。

**谚语 28**  春锄杂草少，秋后收成好。

**谚语 29**  春打六九头，稻麦必有收。

**注释:** 上述春季农时谚语综述了立春后万物苏醒，植物开始萌动，农村春季生产高潮即将展开。作物种植、栽培管理必须按照季节的要求进行，而春季是各种农作物生长的最佳时间，所以有"一日之计在于春""宁丢一日金，不丢一日春""识天时，种庄稼，年丰人寿"之说。我们也能清楚地知道什么节气种什么作物，如"谷雨好种棉""清明谷雨两相连，浸种耕田莫延迟"，同时告诉大家，在农活安排上宜早不宜迟，如"早种三分收，晚种三分丢""大地回春，抓紧春耕""春耕抓得早，地里杂草少"等。春天有利条件能确保作物丰收，如"春打六九头，稻麦必有收""春打五九尾，家家吃白米""春多一场雨，秋收万石粮"。春雨多，但天气正常，也有利于农作物生长，确保丰收。

## （二）夏季

**谚语 1**  七月小暑连大暑，中耕除草莫耽误。

**谚语 2**  到了夏至节，锄头不能歇。

谚语 3　错过黄梅是一夏，错过三时就一年。

谚语 4　四月南风大麦黄，养蚕插秧两头忙。

谚语 5　棉怕八月连天水，稻怕寒露一朝霜。

谚语 6　芒种忙忙种，夏至谷怀胎。

谚语 7　芒种芒种，样样要种。一样不种，秋后落空。

谚语 8　早稻不结，早麦不病。

谚语 9　立夏十八朝，家家动担挑。

注释：到了夏季仍要抓紧时间，加强田间管理，如"到了夏至节，锄头不能歇""立夏十八朝，家家动担挑"等。

## （三）秋季

谚语 1　早凉晚凉，干到秋一场。

谚语 2　寒露过去是霜降，秋收秋种要大忙。

谚语 3　立秋处暑秋收忙，选种最相当。

谚语 4　灾害年年有，离不开七八九。

谚语 5　立秋十八天，百草都结籽。

注释：上述农时谚语，阐述了秋季是一年取得收获的大忙季节，必须抓紧时间进行稻子等作物的收割，颗粒归仓，同时抢种三麦、油菜，如"寒露之后是霜降，秋收秋种要大忙"。要严防台风等灾害的影响，如农谚提到"灾害年年有，离不开七八九"，就是这个道理。

## （四）冬季

谚语 1　大雪冬至雪花飞，搞好副业多积肥。

谚语 2　立冬把田耕，土地养分增。

注释：冬季主要搞好备耕工作，深翻耕，多积肥。

三、

# 种子的谚语

## （一）选种的重要性

**谚语 1**　好树开好花，好种结好瓜。

**谚语 2**　没有好种，难得好苗。

**谚语 3**　母大儿肥，种强苗壮。

**谚语 4**　宁要一斗种，不要一斗金。

**谚语 5**　一粒好种，千粒好粮。

**谚语 6**　良种下田，必有丰年。

**谚语 7**　种子不饱，种地成草。

**谚语 8**　种大芽粗，子大苗旺。

**谚语 9**　好苗割好谷，衣食得丰足。

**谚语 10**　种子瘦，苗儿黄。种子肥，苗儿壮。

**谚语 11**　出苗弱与壮，全在种身上。

**谚语 12**　种是宝中宝，离它长不了。

**谚语 13**　宁叫饿断肠，不可吃种粮。

**谚语 14**　快马出在腿上，好苗出在种上。

**谚语 15**　种子洗了澡，庄稼生病少。

**谚语 16**　家有两套种，不怕老天哄。

**谚语 17**　种子是宝，越选越好。

**谚语 18**　好种壮秧，金谷满仓。

**谚语 19** 若要好，三凑巧：粪大，水足，种子饱。

**谚语 20** 有种就有粮，保种如保粮。

**谚语 21** 好儿要好娘，好种多打粮。

**谚语 22** 好种出好苗，好花结好桃。

**谚语 23** 种地不选种，累死落个空。

**谚语 24** 种子不好，丰收难保。

**谚语 25** 种子不选好，满田长稗草。

**谚语 26** 千算万算，不如良种合算。

**谚语 27** 看田选种，看种种田。

**谚语 28** 种地选好种，土地多两垄。

**谚语 29** 种子选得好，产量一定高。

**谚语 30** 若要苗出齐，种子先选纯。

**谚语 31** 种子年年选，产量步步高。

**谚语 32** 种子年年选，保住金饭碗。

**谚语 33** 种越选越强，火越煽越旺。

**谚语 34** 一年选种，三年好禾。

**谚语 35** 三年连续选，禾齐子实珍珠米。

**谚语 36** 一年庄稼两年种，今年选种明年用。

**谚语 37** 麦种三年，不选要变。

**谚语 38** 三年不选种，增产要落空。

**谚语 39** 选种忙几天，增产一年甜。

**谚语 40** 若要种子选得好，杆粗穗大子粒饱。

**谚语 41** 种子年年选，产量节节高。

---

**注释：** 上述谚语形象地说明选种的重要性，好的种子是增产的基本保证。

## （二）选种方法

**谚语 1** 一要质，二要量，田间选种不上当。

**谚语 2** 要想种子保险，自繁自留自选。

**谚语 3** 片选不如穗选好，穗选种子质量高。

谚语4　泥水选种办法好，受益大，花钱少。

谚语5　家选不如场选，场选不如地选，地选不如粒选。

谚语6　复选不上当，出土苗儿粗又壮。

谚语7　风选水选子粒好。

谚语8　种子隔年留，播种时节不用愁。

谚语9　包谷种不晒，一冬必得坏。

谚语10　高粱选尖尖，玉米要中间。

注释：这里讲的是选种方法，但选种子不能一劳永逸。不论什么品种，不注意选种，时间一长，就会发生混杂、退化现象。又因在不同地块和不同植株上的种子也必然有好坏的差异，只有通过年年选种，才能不断保持品种的优良特性。

## （三）种子的储存

谚语1　种子乱放，来年上当。

谚语2　种粮储藏要分家，单储单放不混杂。

谚语3　今年混一粒，明年混一把，三五年齐混杂。

注释：种子储存的好坏，直接关系到种子的质量及纯度，直接关系到农作物的生长，把种子储存好是保证种子质量和纯度的重要环节，也是确保粮食丰收的重要基础，必须做到严格管理，各种种子分门别类储存好，否则就会"种子乱放，来年上当"。

## （四）浸种

谚语1　早稻清明浸种，立夏插秧。中稻立夏浸种，芒种插秧。

谚语2　谷雨浸种，芒种栽秧。

谚语3　谷雨抢头种，芒种赶快栽，夏至谷怀胎。

谚语4　二月清明不着慌，三月清明早下秧。

谚语5　杏花满树浸谷种。

谚语6　椿树蓬头浸谷种。

**谚语 7** 蛤蟆叫咚咚，家家浸谷种。

**谚语 8** 浸种出苗早，干种苗不齐。

**谚语 9** 立夏浸种，小满飘秧。

**谚语 10** 清明浸种，谷雨栽秧。

**谚语 11** 水泡五谷好，耐旱不生病。

**注释**：浸种是保证水稻等出苗早、出齐苗的重要环节，必须抓紧节气农时，搞好浸种工作，如"早稻清明浸种，立夏插秧""水泡五谷好，耐旱不生病"等农谚，说明浸种的重要性。

## （五）制种

**谚语 1** 种子田，好经验。忙一时，甜一年。

**注释**：根据需要有计划地建立种子田。

# 四、

# 播种的谚语

## （一）播种经验

**谚语**1　宁在时前，不在时后。

**谚语**2　一熟早，熟熟早。

**谚语**3　一熟丰收，熟熟丰收。

**注释**：各种农作物整个生长成熟期，都有一定时日，能早些播种就能早收。所以，在适当的播种期内，宁早勿晚，所以说"宁在时前，不在时后"。晚播几天，误了农事，可能影响整个收成。

## （二）早稻播种

**谚语**1　播种不过清明关，移栽不过立夏关。

**注释**：此条谚语讲的是早稻播种、插秧的时间。

## （三）谷类作物播种

**谚语**1　芒种芒种，样样要种。

**谚语**2　过了芒种，不可强种。

**谚语**3　播谷不过清明关，移栽不过立夏关。

**注释**：芒种是谷类作物播种的关键时刻。各地的气候条件不同，谷类作物播种的具体时间虽然有早有晚，但大都以芒种为极限。

## （四）小麦播种

**谚语 1** 九月白露又秋分，秋收种麦闹纷纷。

**谚语 2** 伏里有雨地皮凉，小麦早种十天强。

**谚语 3** 寒露到霜降，种麦就慌张。

**谚语 4** 种麦种到小雪，收成不够炒米屑。

**谚语 5** 柳树头上三枝叶，正好犁田种小麦。

**谚语 6** 种地种到老，还是早麦好。

**谚语 7** 处暑萝卜白露菜，秋分麦子人不怪。

**谚语 8** 三伏没雨少种麦。

**谚语 9** 寒露蚕豆霜降麦。

**谚语 10** 秋分早，霜降迟，只有寒霜正当时。

**谚语 11** 山地宜早，平川宜迟。

**谚语 12** 雨涝宜早，天旱宜迟。

**谚语 13** 墒大宜早，墒小宜迟。

**谚语 14** 稻麦草头轮流种，九成变成十年收。

**谚语 15** 种麦不过霜降关。

**谚语 16** 寒露麦入泥，霜降麦头齐。

**谚语 17** 闰年不种十月麦。

**谚语 18** 秋种，冬长，春秀，夏熟。

**谚语 19** 霜降种麦。

**谚语 20** 过去寒露至霜降，种麦正适中。

**谚语 21** 白露太早寒露迟，秋分种麦正当时。

**谚语 22** 寒露麦穿针，霜降满田青。

**谚语 23** 小麦迟种没头，菜籽种早没油。

**注释**：种麦一定要抓紧时间，早种为佳。种麦时遇少雨干旱天气，可适当推迟几天，最晚到霜降节气，碰到闰年十月就不要种麦了。

## （五）棉花播种

**谚语 1**　谷雨种棉花，多长三根叉。

**谚语 2**　立夏落棉花籽。

**谚语 3**　谷雨前，好种棉。

**谚语 4**　雨前种棉，秋收白银。

**谚语 5**　春雪棉花腊雪稻。

**谚语 6**　头时棉花三时豆，三时种赤豆。

**谚语 7**　芒种芒种，棉花黄豆乱种。

**谚语 8**　芒种后夏至前，雇工夫，莫疼钱。

**谚语 9**　清明早，小满迟，谷雨种棉正当时。

**谚语 10**　头时棉，二时豆，三时无棉补赤豆。

**谚语 11**　三月立夏种花不赶早，四月立夏种花不等草。

注释：谷雨是种棉花的最好时期，正如谚语所说，"谷雨种棉花，多长三根叉""清明早，小满迟，谷雨种棉正当时"。

## （六）杂粮播种

### 1. 绿豆播种

**谚语 1**　大暑前，小暑后，两暑当中种绿豆。

**谚语 2**　大暑前，小暑后，庄稼老汉种绿豆。

**谚语 3**　玉米田里带绿豆，一亩①多打好几斗。

注释：大暑前、小暑后是种绿豆的最佳时间，若玉米田套种绿豆，可多收。

### 2. 大豆播种

**谚语 1**　大豆叶碰叶，蚕豆粒碰粒。

**谚语 2**　豆稀多荚，麦稀多叶。

**谚语 3**　谷雨后，快种豆。

---

① 1 亩 ≈ 666.7 米 $^2$。

**谚语** 4　豆地年年调，豆子年年好。

**谚语** 5　谷雨前后，种瓜点豆。

**谚语** 6　两行麦子两行豆，加点肥料双成收。

**谚语** 7　要吃豆，种在清明前后。

**谚语** 8　芒种豆，立夏稻。

**谚语** 9　瘦地豆稀，白费力气。

**谚语** 10　清明前后，翻麻种豆。

**谚语** 11　晚豆不过秋，过秋就不收。

**谚语** 12　春分有雨家家忙，先种瓜豆后插秧。

**谚语** 13　清明前后，种瓜种豆。

**谚语** 14　雨水瓜，惊蛰豆。

**谚语** 15　麦宜密，豆宜稀。

**注释:** 这里豆指黄豆，北方叫大豆，黄豆种植跨度较大，从清明开始种，一直可以种到芒种，在种植上宜稀不宜密，但瘦地种豆应密播。

### 3. 赤豆、蚕豆、胡豆、豌豆播种

**谚语** 1　头时棉花二时大豆，三时只好种赤豆。

**谚语** 2　头时棉花二时豆，三时棉田补赤豆。

**注释:** 三时指夏至后半个月，分头时三天，中时五天，三时七天，这两句农谚指出头时种棉，二时种大豆，三时种赤豆，强调了三时是种赤豆的最佳时间。

**谚语** 3　寒露种蚕豆。

**谚语** 4　立冬小雪北风起，蚕豆小麦下种齐。

**谚语** 5　降霜后，种蚕豆。

**注释:** 寒露、立冬、小雪都可以种蚕豆。

**谚语** 6　九月胡豆，十月豌豆。

**注释:** 这里指出农历九月可种胡豆，十月可种豌豆。

## 4. 红薯（山芋）、芋头、芝麻播种

**谚语** 1  深挖土，浅栽薯。

**谚语** 2  土浅薯短，土深薯壮。

**谚语** 3  熟土拌生土，收到好红薯。

**谚语** 4  粪大萝卜粗，地松红薯肥。

**谚语** 5  春分早，谷雨迟，清明种薯正当时。

**谚语** 6  种种稻，种种薯，水稻番薯两相好。

**谚语** 7  山芋不怕羞，一直栽到秋。

**谚语** 8  山芋栽到大伏天，雪白粉嫩又红甜。

**谚语** 9  四月种芋，一本万利。

**谚语** 10  五月种芋，一本一利。

> **注释:** 种红薯（山芋）前必须深翻地加熟土，浇大粪，种出来的红薯个儿大、品质好、产量高，与水稻轮作更好。

**谚语** 11  横排芋头竖栽葱。

**谚语** 12  清明芋头谷雨薯。

**谚语** 13  山头薯，坑底芋。

**谚语** 14  芋头没有鬼，只要六月水。

> **注释:** 芋头要深种，到6月多浇水。

**谚语** 15  灰里芝麻泥里豆。

**谚语** 16  芒种芝麻夏至豆，秋分种麦正时候。

**谚语** 17  小满芝麻种谷，过了夏至种大黍。

**谚语** 18  梅里芝麻莳里豆，过了三莳种赤豆。

> **注释:** 芒种、小满、梅雨期都可以种芝麻，种时加点灰拌一下种效果更好。

## （七）蔬菜播种

### 1. 萝卜、白菜、莴苣播种

**谚语** 1  要吃萝卜大，勿等六月过。

**谚语 2**　处暑萝卜白露菜。

**谚语 3**　头伏萝卜二伏菜，三伏里头种荞麦。

**谚语 4**　霜降种莴苣，秋分种白菜。

> 注释：由于地域和品种不同，种萝卜从头伏开始可以种到处暑，白菜在二伏和秋分时可以种，到了霜降种莴苣。

### 2. 葱、蒜、笋、辣椒播种

**谚语 1**　五月里挖葱，六月里种葱。

**谚语 2**　清明出笋，谷雨长竹。

**谚语 3**　清明到，种辣椒。

**谚语 4**　立秋栽葱，白露栽蒜。

**谚语 5**　春分种麻种葱，秋分种麦种蒜。

> 注释：在上海地区 6 月里种葱可以种到立秋，白露种蒜，清明种辣椒的时候，也是笋出芽的时候。

# 育秧的谚语

## （一）秧田及落谷

**谚语 1**　春争日，夏争时，小秧落谷不能迟。

**谚语 2**　秧田要整一掌平，下种手要撒得匀。

**谚语 3**　雨打秧田泥，秧苗出不齐。

**谚语 4**　秧田要水清，稻田要水浑。

**谚语 5**　秧田要浅，大田要深。

**谚语 6**　秧田平如镜，秧苗不必问。

**谚语 7**　秧田落谷稀，苗儿长得齐。

**谚语 8**　稀播秧苗壮，密播瘦又黄。

**谚语 9**　一年棉花土，万年老秧田。

**注释：** 为培育壮秧，在秧田管理操作上有较高的要求：一要保证秧板平整，无坑坑洼洼；二要分条定量播种，确保稀播匀播；三要播后覆盖柴草草木灰等，起到保湿、保温、防雀的作用，有条件的覆盖有机肥，可明显提高出苗率；四要在大田地角播一点太平苗，以防不测；五要在播后清理沟条，排除田间积水，保持地面湿润，出壮秧好苗。

## （二）秧苗质量

**谚语 1**　养儿要好娘，插田要好秧。

**谚语 2**　要想谷满仓，先把秧田壮。

**谚语3** 十成稻子九成秧。

**谚语4** 好秧出好稻，杂种长稗草。

**谚语5** 秧不满月，稻不满顶。

**谚语6** 十成收量，九成靠秧。

> **注释**：秧是作物生长的基础，它直接影响作物生长的好坏和全年的收成，故有"十成稻子九成秧"之说。

## （三）秧田除草

**谚语1** 秧田拔根草，冬至吃一饱。

**谚语2** 适时除稗草，秧如快马跑。

**谚语3** 秧田能除三次草，种出米来特别好。

> **注释**：秧田里及时清除杂草，能保证秧苗茁壮生长。

## （四）秧苗施肥

**谚语1** 一分秧田一担料，还要除虫又除草。

**谚语2** 千处粪田，不如一处来粪秧。

**谚语3** 施肥巧，秧苗好。

**谚语4** 十分田，八分秧，肥田不如先肥秧。

**谚语5** 秧田要做到：泥化，面平，肥足，草光。

**谚语6** 秧好半年稻，稻好要肥料。种田有花巧，也要肥料好。

> **注释**：为培育壮秧、好秧，必须先施足秧田的基肥，即底肥，按上海农业技术推广中心要求，每亩施底肥（商品有机肥）20千克，碳胺20千克，加过磷酸钙20~30千克或者施BB肥10~12千克，（如秸秆还田可增10~20千克碳胺），底肥在耕翻秧田前施入，这样才会保证培育出壮秧好苗。

## （五）秧苗移栽

谚语 1　二月清明不要忙，三月清明好撒秧。

谚语 2　谷雨之前是清明，培育壮苗最要紧。

谚语 3　播种不过清明关，移栽不过立夏关。

谚语 4　一分稻子九分秧，栽秧要栽扁蒲秧。

谚语 5　春缺一棵秧，秋天少收一石粮。

谚语 6　田里长一日，不如秧田长一日。

注释：上述谚语主要表述了移栽秧苗的时间。

## （六）育秧天气

谚语 1　秧要日头不要雨。

谚语 2　惊蛰寒，秧成团。

谚语 3　惊蛰暖，秧成秆。

谚语 4　四月初四秧生日，喜晴天。

注释：晴天光照好，对育秧十分有利。

## （七）插秧

谚语 1　立夏小满家家忙，男女老少去插秧。

谚语 2　六月的黄秧抢上行，早一行好一行。

谚语 3　梅里栽秧抢上趟，莳里栽秧慢了长手上。

谚语 4　开秧开到小暑，收的稻不够喂老鼠。

谚语 5　枇杷黄，插秧忙。

谚语 6　春分有雨家家忙，先种瓜豆后插秧。

谚语 7　种田种到老，勿要忘记秧边稻。

谚语 8　燕子来，齐插秧。燕子去，稻花香。

谚语 9　宁种隔夜地，不插隔夜秧。

谚语 10　早稻拾，晚稻插。

**谚语 11**　插秧水汪汪，种秧眼泪淌。

**谚语 12**　秧要抢栽，谷要抢割。

**谚语 13**　清明下种，谷雨栽秧。

**谚语 14**　秧老田肥，抽穗整齐。

**谚语 15**　浑水插秧，清水耘田。

**谚语 16**　栽秧靠眼睛，脚要退得匀。

**谚语 17**　秧棵莫栽深，下土就生根。

**谚语 18**　秧栽四五分，融土易生根。

**谚语 19**　插秧插得正，抵上一次粪。

**谚语 20**　早种半天秧，多吃半年粮。

**谚语 21**　小暑栽秧，不够缴粮。

**谚语 22**　老秧落地三分收，早栽老秧早生根。

**谚语 23**　栽秧要栽梅花秧，粮满柜来谷满仓。

**谚语 24**　栽秧要栽蘸根秧，苗肥棵旺谷子强。

**谚语 25**　栽秧要栽深水秧，秧根抓泥有力量。

**谚语 26**　栽秧要栽新鲜秧，秧苗好活迎风扬。

**谚语 27**　早稻要插得早，晚稻要插得老。

**谚语 28**　要稻好，插得早。

**谚语 29**　清水耘稻，赛过粪浇。

**谚语 30**　浑水耧一耧，秋收多一斗。

**谚语 31**　栽秧莫栽鸡钩秧，一亩只收七八斗。

**谚语 32**　稀三箩，密三箩，不稀不密收几箩。

**谚语 33**　芒种一到，快下小秧。

**谚语 34**　老秧插到底，多打六斗米。壮秧插得正，能抵一交粪。

**谚语 35**　隔夜秧苗易受伤，随拔随栽早转阳。

**注释：** 要抓住插秧的最佳时间，如若错失插秧时机就会直接影响产量。

六、

# 保苗的谚语

## （一）保苗重要性

**谚语 1** 底肥饱，追肥早，苗儿一定好。

**谚语 2** 地凭肥养，苗凭粪长。

**谚语 3** 奶好儿肥，肥好苗壮。

**谚语 4** 儿要奶足，苗要肥足。

**谚语 5** 粪力壮，苗儿胖。

**谚语 6** 救苗如救火，保苗如保粮。

**谚语 7** 底肥扎根，追肥提苗。

**谚语 8** 人怕胎里瘦，苗怕根不肥。

**谚语 9** 春天保住苗，秋唱丰收谣。

**谚语 10** 种地没苗，一年白熬。

**谚语 11** 没有十成苗，难得十成收。

**谚语 12** 牛无饲料不耐犁，田无粪草苗不齐。

**谚语 13** 猪多地壮，粪足苗旺。

**谚语 14** 肥田不如肥种，催子不如催苗。

**谚语 15** 肥料就是庄稼娘，小苗无肥不收粮。

**谚语 16** 马不喂料难爬坡，苗不压肥难发棵。

**谚语 17** 油多菜香，肥多苗壮。

**谚语 18** 底粪不足苗不长，追肥不足苗不旺。

注释：保苗是一项很重要的基础工作，是培育壮秧的重要环节。谚语总结出，要保苗必须施足底肥（基肥），早施追肥。

## （二）保苗田间管理

**谚语 1** 有粪无雨苗发黄，有粪有雨苗发旺。

**谚语 2** 人不见水口要渴，地不见水苗要枯。

**谚语 3** 勤浇细培结果好，急锄猛铲伤幼苗。

**谚语 4** 浇水勤灌，稻苗长得欢。

注释：为保证秧苗健康生长，必须加强秧田管理，浇水勤灌，做到小苗浅灌，大苗深灌，使苗长得好。

**谚语 5** 苗要好，除虫早。

**谚语 6** 苗多欺草，草多欺苗。

**谚语 7** 间苗要间早，定苗要定小。

**谚语 8** 早锄早管，苗齐粮满。

**谚语 9** 随铲随耪，草少苗旺。

**谚语 10** 除掉一棵草，抢活一棵苗。

**谚语 11** 头遍苗，二遍草，三遍四遍顺垄跑。

**谚语 12** 谷子早间苗，苗大穗粗产量高。

**谚语 13** 苗怕草欺，草怕锄犁。

**谚语 14** 深耕浅耪苗发旺，深耕浅培苗发胖。

注释：秧田定苗要早，正如谚语所说"间苗（定苗）要间早，苗大穗粗产量高"。秧田及时除草治虫很重要，正如农谚所说"苗要好，除虫早""随铲随耪，草少苗旺"。

七、

# 土壤的谚语

## （一）改良土壤

**谚语 1**　新土换旧土，一亩顶两亩。

**谚语 2**　黄土掺黑土，增产一石五。

**谚语 3**　黄土变黑土，多打两石五。

**谚语 4**　铺沙又换土，一亩顶两亩。

**谚语 5**　白土地里看苗，黑土地里吃饭。

**谚语 6**　生土拌熟土，力气大如虎。

**谚语 7**　沙土拌黑土，一亩顶两亩。

**谚语 8**　黄土上沙土，当年就得利。

**谚语 9**　烂田改旱田，死泥变活田。

**谚语 10**　沙田掺泥，好得出奇。

**谚语 11**　旱田改水田，一年顶二年。

**谚语 12**　黄土上河土，一亩赶二亩。

**谚语 13**　种地要懂土，耕为翻土，盖为平土，耙为乱土，耪为活土。

**谚语 14**　沙压碱，赛金板。

**谚语 15**　减压沙，一顶仁。

**谚语 16**　碱地见了沙，就像孩儿见了妈。

**谚语 17**　水泡成碱地，碱地怕水冲。

**谚语 18**　碱地压上沙，强似把粪加。

**谚语 19**　歇地如歇马，换土如换金。

**谚语 20** 碱土压沙土，保苗不用补。

**谚语 21** 沙土压洼田，一年赶二年。

**谚语 22** 土淤一寸，强过上粪。

**谚语 23** 泥田配沙，洋糖蘸粑。

**谚语 24** 沙土发小苗，黏土发老苗。这土和那土，多打五斗五。

注释：改良土壤的方法很多，如新土换旧土，黄土掺黑土，旱田改水田，沙土拌黑土等，这些方法可中和土质，改善土壤结构，提高土壤的渗水力和通气力，增加土壤的有效养分，提高肥力。

## （二）保护水土

**谚语 1** 水土不出田，粮食吃不完。

**谚语 2** 水土不下山，庄稼定增产。

**谚语 3** 水土不下坡，谷子打得多。

注释：保护水土就是保护土壤肥力，保证农作物良好生长，以达丰收。

## （三）土壤精耕细作

**谚语 1** 秋后不深耕，来年虫子生。

**谚语 2** 耕地深又早，庄稼百样好。

**谚语 3** 深耕一寸，多收一成。

**谚语 4** 深耕深一寸，顶上一遍粪。

**谚语 5** 地整平，出苗齐。地整方，装满仓。

**谚语 6** 种庄稼，不用巧，沟边地边打整好。

**谚语 7** 犁地要深，耕地要平。

**谚语 8** 光犁不耙，枉把力下。

注释：秋后抓紧时间，田间土壤深耕，加上精耕细作，做到地整平，地整方，边沟、地边都整好，这样才能粮满仓。

## （四）土壤休闲

**谚语 1**　人闲无功，地闲有力。

**谚语 2**　田荒三年是草，土荒三年是宝。

> **注释**：土地与人一样，需要休息，如果年年种庄稼，地力容易消耗，长不出好庄稼，民间流传田块连种 3~5 年需休息一年，这样才能保持地力。

# 耕耘的谚语

## （一）春季耕翻土地

**谚语 1** 正月耕金，二月耕银，三月耕泥土。

**谚语 2** 一日春耕十日粮，一时耽误受饥寒。

**谚语 3** 春打六九头，耕牛满地走。

**谚语 4** 春耕三遍，黄金不换。

**谚语 5** 春天深耕一寸土，秋天多打万石谷。

**谚语 6** 春翻要赶早，抢摘保全苗。

**谚语 7** 春耕深一寸，顶上一遍粪。

**谚语 8** 春耕多一遍，秋收多一石。

**谚语 9** 春耕早一日，秋收早十日。

**谚语 10** 过了惊蛰节，耕田不停歇。

**谚语 11** 春耕不忙，秋后无粮。

**谚语 12** 春耕多一遍，粮食多一串（石）。

**谚语 13** 春耕搞得好，田头杂草少。

**谚语 14** 春耕如救火。

**谚语 15** 春耕深一寸，亩产超千斤。

**注释：** 春季，大地苏醒，春耕大忙拉开序幕，耕牛满地走，这时需抓紧时间，深耕土壤。深翻是田间管理的基础环节，深耕土地可以疏松土壤，改善土壤结构，增强土壤的渗水力、通气力。深翻能把深藏在土中的害虫翻到地表，便于消灭害虫。

## （二）头伏、耕翻土地

**谚语 1**　伏天翻地顶上粪。

**谚语 2**　六月耕得深，等于种麦施遍肥。

**谚语 3**　六月犁金，七月犁银，八月犁地饿死人。

**谚语 4**　头伏翻地一碗水，二伏翻地半碗水，三伏翻地没有水。

**注释：**"伏"是我国民间常用的一种节令，以夏至日起第三个庚日为起数，算为头伏开始，正如民间流传的"夏至三庚便数伏"，第四个庚日为中伏开始，立秋日起第一庚日为末伏（即三伏）开始，头伏、末伏各为 10 天，中伏有的年份为 10 天，少数年份为 20 天，各年入伏的早晚也各不相同，一般在夏至后的 20~30 天里，头伏深翻土壤，对于种麦还是有利的，二伏、三伏时翻地效果就会变差。

## （三）秋季耕翻土地

**谚语 1**　春耕百遍，抵不住秋耕一遍。

**谚语 2**　春犁宜浅，秋犁宜深。

**注释：**秋季耕翻土壤，要优于春季。秋季耕翻要深，因秋季深翻土壤，能把深藏在地下的虫卵翻到地表面，经过严寒冬季，可把它们直接冻死。

# 水利的谚语

谚语 1　水是庄稼血,肥是庄稼粮。

谚语 2　水是庄稼宝,四季不能少。

谚语 3　种田种地,头一水利。

谚语 4　多收少收在肥,有收无收在水。

谚语 5　一滴水,一滴油。一库水,一仓粮。

注释:水和肥是作物生长发育的两个基本条件。作物从发芽、出苗到开花、结实的全过程,除本身需要的水分外,土里的养分也要溶解于水才能被作物的根毛吸收。光合作用、养分的制造输送也都需要水。没有水,作物就无法存活。

谚语 6　秋水老子冬水娘,浇好春水好打狼。

谚语 7　轻浇勤浇,籽粒结饱。

谚语 8　水是庄稼油,按时灌溉保丰收。

谚语 9　灌水要适时,田间全大米。

注释:要根据地势、水情、节令等重要因素适时进行灌溉。

谚语 10　风吹秧田水放干,雨淋秧田水满田

注释:指水稻灌溉的规律。如遇大风,要把田水放干,以免秧苗受损,这就是"风吹秧田水放干"。遇暴雨,要在雨前把秧田灌满河水,因河水比雨水温度高些,可防秧苗受凉,所以说"雨淋秧田水满田"。

**谚语 11** 一天三朝水，天天换清水，白天瓜皮水。

**谚语 12** 晚上一拳水，天冷灌深水，天暖吃露水。

**谚语 13** 下雨灌深水，雨后放雨水，大风解决风赶水。

**注释：** 灌溉稻田时，需根据时间和天气的不同，采取不同措施。

**谚语 14** 久雨积水早排出，旱天之时早开源。

**谚语 15** 蓄水如固粮，水足粮满仓。

**谚语 16** 冬季修水利，正是好时机。

**注释：** 开沟挖塘坝加高，常年不怕旱和涝。开沟可引水排水，挖塘可储水，筑坝可保水、放水。水利是农耕中不可或缺的一部分，对农业的发展有着极为重大的影响。

**谚语 17** 修塘筑坝，旱涝不怕。

**谚语 18** 人治水，水利人，人不治水水害人。

**谚语 19** 一冬一春，挑塘打埂。

**谚语 20** 种不好庄稼一年穷，修不好塘堰一世穷。

**谚语 21** 有田无塘，好比婴儿无娘。

**谚语 22** 只靠双手不靠天，修好水利万年甜。

**谚语 23** 天上望一望，不如地上挖个塘。

**谚语 24** 水满塘，谷满仓，修塘就是修谷仓。

**谚语 25** 立了秋，雨水收，有塘有坝赶快修。

**谚语 26** 冬土如铁好修塘，修塘就是修粮仓。

**谚语 27** 有水遍地粮，无水遍地荒。

**谚语 28** 种田种地，头一水利。

**谚语 29** 水库是个宝，抗旱又防涝。

**谚语 30** 蓄水修堰，预防天旱。

**谚语 31** 修塘积水，粮食到嘴。

**注释：** 为确保全年农业生产丰收、人们生命财产安全，必须修海塘，筑堤坝，蓄水修堰，建水库，以抗涝防旱。秋冬是修塘筑坝、建水库最佳时段。

# 积肥的谚语

## （一）积肥的重要性

**谚语 1**　多积粪，多打粮。

**谚语 2**　有了粪堆山，不愁米粮川。

**谚语 3**　粮是本，粪是根，积肥如积金。

**谚语 4**　积肥如积粮，粮在田中藏。

**谚语 5**　今年粪满缸，明年谷满仓。

**谚语 6**　一分肥料一分收成。

**谚语 7**　积肥如积粮，万船肥料千担粮。

**谚语 8**　冬积一把肥，秋收万颗粮。

**谚语 9**　金筐银筐，不如粪筐。

**谚语 10**　要想多打粮，积肥要经常。

**谚语 11**　庄稼一枝花，全靠肥当家。

**谚语 12**　肥料准备足，保证庄稼熟。

**谚语 13**　要问粮食多少，先看粪堆大小。

**谚语 14**　山上草，田中宝，增产粮食少不了。

**谚语 15**　要远富，栽桐树。要近富，拾粪土。

**谚语 16**　家有金漏斗，粪筐不离手。

**谚语 17**　要想庄稼壮，粪筐不可放。

**谚语 18**　要想庄稼欢，粪筐不离肩。

**谚语 19**　拾粪如拾金，挖土如挖参。

注释：肥料是农作物生长所需的"粮食"，农作物从出苗到成熟都需要大量肥料，只有充足的肥料供应，才能保证农作物健康生长，创丰收，正如农谚所说"多积肥，多打粮""粮是本，粪是根，积肥如积金"，充分显示了积肥的重要性，所以说"积肥千万担，粮谷堆满山"。

## （二）积肥方法

**谚语 1** 千船万担嚣，罱泥又捞草。

**谚语 2** 人粪尿，如金宝。

**谚语 3** 多种绿肥草，粮棉产量高。

**谚语 4** 浮萍是个宝，肥田又除草。省工省成本，坏田能变好。

**谚语 5** 养猪卖钱，积粪肥田。

**谚语 6** 勤劳多拾粪，粪堆好比粮食囤。

**谚语 7** 畜多，肥多，粮多。

**谚语 8** 粪筐里头生白银，扫帚尖上长黄金。

**谚语 9** 攒粪如攒金，庄稼不昧苦心人。

**谚语 10** 扫帚响，粪堆长。

**谚语 11** 大家出点劲，肥料用不尽。

**谚语 12** 积肥不单积粪肥，垃圾堆里就是肥。

**谚语 13** 秸秆还田，以田养田。

**谚语 14** 养猪又养羊，肥源有保障。

**谚语 15** 一条牛的粪，三亩田的肥。

**谚语 16** 多养家畜多积粪，人勤畜旺地有劲。

**谚语 17** 只要不偷懒，肥料堆成山。

**谚语 18** 车干水塘挑河泥，烧焦泥灰积土肥。

**谚语 19** 沟泥河泥水杂草，都是省钱好肥料。

**谚语 20** 一担塘泥半石粮，塘底便是大谷仓。

**谚语 21** 只要勤动手，肥料到处有。

**谚语 22** 种田要种红花草，花草真是农家宝。

谚语 23　青草沤成粪，越长越有劲。

谚语 24　要得肥料广，树叶草皮一齐装。

谚语 25　要得田里肥，草皮沤一堆。

谚语 26　青草好肥料，天热正好造。

谚语 27　割得多，沤得燥，下地呱呱叫。

谚语 28　积肥如积宝，保肥如爱宝，施肥要恰好。

谚语 29　种田先要种花草，花草真是农家宝。

谚语 30　粪堆能长灵芝草，老鸦窝里出凤凰。

谚语 31　铲草沤青粪，粮食收满囤。

谚语 32　肥源到处有，就怕不动手。

谚语 33　大家动动手，肥料到处有。

谚语 34　无事少赶集，有空多拾粪。

谚语 35　一年庄稼二年种，今年攒粪明年用。

谚语 36　一粪，二灰，三污泥。

谚语 37　多扫路旁土，好比养猪羊。

谚语 38　有猪有羊，攒粪不愁。

谚语 39　种田种到老，要做河泥稻。

谚语 40　为了收成好，罱泥捞水草。

谚语 41　积肥法子多，猪羊多打圈，鸡鸭都垒窝。

谚语 42　要有大粪堆，天天保存灰。

谚语 43　垫牛栏，多敛粪。

谚语 44　土粪要晒，大粪要盖。

谚语 45　养猪不拴圈，肥分少一半。

谚语 46　沤青肥没啥巧，一层土，一层草，常灌水，常翻捣。

谚语 47　草子沤花，蚕豆沤节，大麦沤芒。

谚语 48　沤绿肥，无别巧，层土层粪常翻倒。

谚语 49　草无泥不烂，泥无草不肥。

谚语 50　要看家中宝，先看门前草。

谚语 51　种田不养猪，必定有一输。

**谚语 52**　不东奔，不西跑。勤拾粪，多锄草。

**谚语 53**　只要不偷懒，肥料堆成山。

> **注释：** 我们祖辈总结了许多卓有成效的积肥方法，如罱河泥，种红花，捞浮萍，割肥草，沤成堆肥，多养猪、牛、羊，加上多拾粪，正如农谚"一船河泥一船稻，多罱河泥多打稻""养猪又养羊，肥料有保障"等。

### （三）积肥时间

**谚语 1**　冬季积肥春季用，一担肥料一担粮。

**谚语 2**　冬天积下万担肥，明年粮食胀破囤。

**谚语 3**　一月大寒随小寒，农人捡粪莫偷闲。

**谚语 4**　庄稼人，冬不闲，今年拾下粪，明年好上田。

**谚语 5**　当年积肥来年用，苗壮省工地又净。

**谚语 6**　冬闲多拾粪，明年不着忙。

**谚语 7**　大雪冬至雪花飞，搞好副业多积肥。

> **注释：** 冬季是积肥的最佳时间，特别是大寒、小寒节气，是农闲时段，更应集中人力捡粪，积肥必须突出一个"勤"，"勤捡粪，多锄草"，"只要不偷懒，肥料堆成山"，就是这个道理。

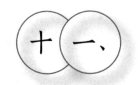

# 施肥的谚语

　　肥料是庄稼的粮食。只有通过施肥来保持土壤肥力，人们才可以真正地放弃刀耕火种加撂荒土地的原始耕作方式。

## （一）施肥的重要性

**谚语** 1　肥是农家宝，施好产量高。

**谚语** 2　灯盏油足光线好，地里肥足产量高。

**谚语** 3　人不吃油盐无力，地不上肥料没劲。

**谚语** 4　人不吃饭活不长，地不上粪不打粮。

**谚语** 5　庄稼要好，粪水要饱。

**谚语** 6　地是活宝，越肥越好。

**谚语** 7　庄稼要旺，粪土勤上。

**谚语** 8　油足灯光亮，粪多土地壮。

**谚语** 9　一分肥，一分粮。十分肥，粮满仓。

**谚语** 10　人病要吃药，地瘦要施肥。

**谚语** 11　粪是田中宝，不足长不好。

**谚语** 12　底肥不足苗不长，追肥不足苗不旺。

**谚语** 13　有收无收在于水，收多收少在于肥。

**谚语** 14　没有万斤肥，难打万斤粮。

**谚语** 15　种地不上粪，枉把天来恨。

**谚语** 16　煮食要油料，种田要肥料。

**谚语** 17　土是摇钱树，粪是聚宝盆。

**谚语 18** 种田无粪，瞎子无棍。

**谚语 19** 多上肥料地有劲，来年丰收扎下根。

> **注释：**庄稼从出苗到成熟，都需吸收养料。这些元素主要有碳、氢、氧、氮、磷、钾、硫、钙、镁、铁。碳、氢、氧可以从空气、水和土壤中得到。硫、钙、镁、铁等需要量不多，一般土壤里的含量即可满足。只有氮、磷、钾三种，庄稼需要较多，只有通过施肥来补充，才能保证庄稼正常生长发育、开花结实。"粮在肥中藏""全靠肥当家"，都说明了肥料在农业生产中的重要性。

## （二）施肥方法

**谚语 1** 河泥打底，猪灰润根。

**谚语 2** 肥泥挑下田，至少长两年。

**谚语 3** 绿肥施得饱，明年庄稼好。

**谚语 4** 绿肥压三年，薄地变良田。

**谚语 5** 千担肥下地，万担粮归仓。

**谚语 6** 多上一次粪，多长一寸穗。

**谚语 7** 一担塘泥两年谷，三年塘泥砌砖屋。

**谚语 8** 钢要加在刀刃上，粪要施到时节上。

**谚语 9** 施肥有七看：一看天色，二看土色，三看苗棵，四看前茬，五看肥料，六看品种，七看水量。

**谚语 10** 春天多垭一担灰，夏天多收一大堆。

**谚语 11** 夏天多垭一趟粪，秋天多收一大囤。

**谚语 12** 一年不变上化肥，二年不变上饼肥，三年不变种绿肥。

**谚语 13** 年里施肥浇条线，春里施肥浇个遍。

**谚语 14** 七月秋，里里外外施到头。

**谚语 15** 若要庄稼旺，多把家粪上。

**谚语 16** 土壤要变好，圈肥要上饱。

**谚语 17** 肥料足，瘠田打精谷。

**谚语 18** 肥是庄稼宝，施足又施巧。

**谚语 19** 底肥不见天，肥效如洋参。

**谚语 20** 肥料适时压，过时力不大。

**谚语 21** 秋耕施下粪，庄稼大小都得劲。

**谚语 22** 基肥下得多，种子涨破箩。基肥下得少，少收粮食少收草。

**谚语 23** 基肥施得足，追肥早而速，穗肥用得巧。

**谚语 24** 雪上撒粪，等于白上。

**谚语 25** 以水调肥，以水促肥。

**谚语 26** 尿泼雪上，不如不上。

**谚语 27** 冬上金，腊上银，春天上的是土粪。

**谚语 28** 先上粪，后除草，肥料跑不了。

**谚语 29** 施足底肥，适当追肥。

**谚语 30** 追肥在雨前，一宿长一拳。

**谚语 31** 量体裁衣，看禾施肥。

**谚语 32** 立春天渐暖，雨水送肥忙。

注释：讲施肥方法的谚语较多，怎样做到施肥的最好效果？第一，要做到上述谚语提到的施肥七看，农民都有这方面的经验。第二，钢要用在刀刃上，粪要施到时节上。第三，底肥为主，追肥为辅。第四，施肥一大片，不如一条线，条肥是把肥料集中施在庄稼根部，易被吸收，利用率高，增长效果明显。

## （三）麦子施肥

**谚语 1** 人靠五谷养，麦靠肥料长。

**谚语 2** 粪生上，没希望。粪熟上，麦满仓。

**谚语 3** 麦田基肥施得足，一季收成抵两熟。

**谚语 4** 羊粪麦子人人爱。

**谚语 5** 麦子上苗粪，越出越有劲。

**谚语 6** 麦子施苗粪，打得麦子满了囤。

**谚语 7** 追肥追得早，十块小麦九块好。

**谚语 8** 冬天压麦泥，胜过一条被。

谚语 9　种麦多上干净粪，来年乌麦不用问。

谚语 10　种麦不离豆饼。

谚语 11　施用干草灰，可防小麦倒。

谚语 12　大麦浇须，油菜浇花。

**注释**：对麦子施肥，底肥要施足，追肥要施得早，大麦追肥比小麦早，这样产量才会高。

## （四）水稻施肥

谚语 1　人要米粮，稻要粪养。

谚语 2　多施一粒肥，多得一斤稻。

谚语 3　田中无好稻，由于少肥料。

谚语 4　底肥下得足，晚稻得丰收。

谚语 5　要想晚稻好，河泥夹马料。

谚语 6　处暑不浇苗，到老无好稻。

谚语 7　种到老，学到老，不要忘了河泥稻。

**注释**：水稻的底肥要下足，多搞河泥稻，河泥夹马料，处暑前浇好，定能收好稻。

## （五）杂粮作物及油菜施肥

谚语 1　蚕豆种在寒露里，一棵蚕豆一把灰。

谚语 2　油菜三遍浇，产量一定高。

谚语 3　蚕豆少用粪，只要灰来拌。

谚语 4　要得绿豆肥，多施草木灰。

谚语 5　苞米抓把粪，越长越有劲。

谚语 6　谷子粪大赛黄金，高粱粪大赛珍珠。

谚语 7　油菜施肥，盖在上面不如施在底里。

谚语 8　如要花生好，磷钾少不了。

谚语 9　粪多萝卜粗，粮粒似宝珠。

**谚语 10**　青菜唯有狗屎好，小尿淋蒜苗。

> **注释：**给豆类作物施肥少用人粪，多用草木灰，因豆类作物根部有根瘤，根瘤菌能固定空气中的氮气，所以不缺氮肥，而缺钾肥，草木灰是含钾肥料，故要施草木灰。油菜要多浇粪，只要浇三遍，产量一定高。

## （六）猪、羊、牛、马肥料

**谚语 1**　猪粪上地，一本万利。
**谚语 2**　粪是地里金，猪是家中宝。
**谚语 3**　羊粪当年富，猪粪年年强。
**谚语 4**　牛粪冷，马粪热，羊粪能保两年力。
**谚语 5**　牛粪下冷田，猪粪下藕田。

> **注释：**猪、羊、牛、马粪是有机肥料，发酵足，肥力时间长，用作底肥，除供给农作物养分外，还有改良土地的作用。

## （七）绿肥

**谚语 1**　绿肥种三年，瘦田变肥田。
**谚语 2**　一年红花草，三年地脚好。
**谚语 3**　塘泥上了田，要长二三年。

> **注释：**绿肥是改良土壤的最佳选择，正是"绿肥种三年，瘦天变肥田"的道理。

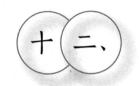

# 十二、

# 锄草的谚语

## （一）锄草的重要性

**谚语 1** 要想麦子长得好，最少要锄三遍草。

**谚语 2** 草是百稻病，不锄要送命。

**谚语 3** 多锄几遍草，禾苗结元宝。

**谚语 4** 要想庄稼好，铲净地里草。

**谚语 5** 杂草除得净，产量加一成。

**谚语 6** 地里有了草，庄稼长不好。

**谚语 7** 多锄草，籽粒饱。

**谚语 8** 早锄一寸，犹如上粪。

**谚语 9** 要想庄稼长得好，三铲四耥别忘了。

**谚语 10** 秋季多拔一棵草，冬天多吃两个饱。

**谚语 11** 寸草不生，五谷丰登。

**谚语 12** 早锄草，地发暖。

**谚语 13** 多锄草，地不板。

**谚语 14** 勤锄草，抗涝旱。

**谚语 15** 杂草藏着五谷病，不肯锄草谷送命。

**谚语 16** 种地不锄草，种子白丢掉。

**谚语 17** 锄头响，庄稼长。

**谚语 18** 见草锄草功夫到，才能保证收成好。

**谚语 19** 杂草拔光，粮食满仓。

**谚语 20** 锄地胜抵三分雨，松土好比下次肥。

**谚语 21** 五月不耥，六月不壅，等于不种。

**谚语 22** 稻怕棵里稗。

**谚语 23** 麦子收在犁上，棉花收在锄上。

**谚语 24** 多锄一遍草，深长三尺苗。

**谚语 25** 锄草不施肥，也有一半收。

**谚语 26** 施肥不锄草，颗粒没有收。

> **注释：**田间杂草生长，需要土壤里的养分，同时占用农作物生长空间，而且杂草多比农作物生长旺盛，这样会侵占农作物生长所需的养分和空间，若不锄草，会出现杂草丛生、草欺苗的状况，将直接影响农作物的健康生长，造成减产歉收。由此必须高度重视田间、路旁的杂草清锄工作，锄草的同时清除病虫害，这样才能保证农作物的健康生长，出现小草不生、五谷丰登的景象。

## （二）锄草时间及方法

**谚语 1** 七月小暑连大暑，中耕除草莫失时。

**谚语 2** 一道锄浅，二道锄深，三道把土壅到根。

**谚语 3** 下了雨就锄地，花桃花蕾不落地。

**谚语 4** 种好勤锄多打粮，光种不锄饿断肠。

**谚语 5** 春天多挖一锄，秋天多收一颗。

**谚语 6** 半月不锄草，草比庄稼高。

**谚语 7** 不论六月热，锄草是季节。

**谚语 8** 锄草锄得晚，穗子长得短。

**谚语 9** 稗草要早除，免得欺秧苗。

**谚语 10** 头道金，二道银，三道四道补坑坑。

**谚语 11** 早锄早耧出大穗，早枷早种长好田。

**谚语 12** 晴天不除草，阴天草变高。

**谚语 13** 过了夏至节，锄地不能歇。

**谚语 14** 旱锄保墒，涝锄保苗。

**谚语 15** 早除一根，迟除一丛。

**谚语 16** 千锄生银，万锄生金，一锄不动生草根。

**谚语 17** 旱锄地皮涝锄根，不涝不旱锄半寸。

**谚语 18** 不怕迟种，就怕迟锄。

**谚语 18** 采茶摘头，除草除根。

**谚语 19** 春争日，夏争时，庄稼铲耘不能迟。

**谚语 20** 除草不除根，逢春又复生。

**谚语 21** 干天锄草回老家，湿天锄草搬搬家。

**谚语 22** 七月小暑连大暑，防涝除草莫踌躇。

**谚语 23** 光锄不捡草，枉费白功劳。

注释：锄草要早，要勤，要净，见草就锄，连根锄净，掌握一道锄浅，二道锄深，三道把土壅到根的方法。

## （三）水稻、麦子、棉花锄草

**谚语 1** 春天不用去作客，好好在家锄小麦。

**谚语 2** 多锄地，多上粪，打的麦子堆满囤。

**谚语 3** 麦子锄二遍，抗旱又出面。

**谚语 4** 麦出犁响，谷出锄耕。

**谚语 5** 多耘一次稻，胜下一次料。

**谚语 6** 六月田中拔稗草，冬至可以吃一饱。

**谚语 7** 稻田大草要拔，小草要割。

**谚语 8** 稻耘三遍谷满仓，棉锄七次白如霜。

**谚语 9** 锄棉不论遍，越锄越好看。

**谚语 10** 要想棉花长得好，上粪捉虫多锄草。

**谚语 11** 棉锄七遍大如拳，豆锄七遍颗颗圆。

**谚语 12** 麦子锄七遍，麸子变成面。

**谚语 13** 荞麦耕七遍，不下雨都有十成收。

**谚语 14** 荞麦无别巧，过冬三次草。

**谚语 15** 禾耘三道米无糠，棉耘七道飞过江。

**谚语 16**　禾田能除三次草，做出米来格外好。

**谚语 17**　稻耨八遍赛珍珠。

**谚语 18**　头耨抗，二耨养。

**谚语 19**　伏里棉花锄八遍，绒细好纺多出纱。

**谚语 20**　棉锄七遍白如银，谷锄四道黄似金。

**谚语 21**　锄头抢得欢，棉桃连成串。

**谚语 22**　锄头锄得勤，棉花像白银。

**谚语 23**　棉花锄得松，抗旱又抗风。

**谚语 24**　棉花入了伏，三天两头锄。

**注释**：上述谚语总结了水稻、麦子、棉花锄草的经验，如"稻耨三遍谷满仓""棉锄七遍白如银"等。

## （四）杂粮锄草

**谚语 1**　豆锄三道满仓金，棉锄七道白如银。

**谚语 2**　谷锄深，麦锄浅，豆子露着半个脸。

**谚语 3**　大暑小暑锄黍苗。

**谚语 4**　苞谷锄三道，包包都结苞。

**谚语 5**　炎天火热锄棉花，雾露小雨锄芝麻。

**注释**：要让杂粮长得好，也要抓住时机勤锄草，豆子也要锄三遍草。

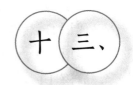

十三、

# 防治病虫害的谚语

## （一）防治病虫害的重要性

**谚语** 1　有虫治，无虫防，庄稼一定长得强。

**谚语** 2　人怕老来穷，谷怕秋后虫。

**谚语** 3　螟虫除光，谷米满仓。

**谚语** 4　春来多捉一个蛾，秋后多收谷一箩。

**谚语** 5　一株不治害一片，今年不治害明年。

**谚语** 6　棉花不治虫，秋收一场空。

**谚语** 7　病苗早除净，庄稼少受病。

**谚语** 8　杀虫一条，保住百苗。

> **注释**：防治病虫害是农业生产的重要环节，为保证农作物的健康生长，丰产、丰收，必须高度重视防治病虫害这项工作。

## （二）防治病虫害的时间

**谚语** 1　防治越早，庄稼越好。

**谚语** 2　春分虫儿遍地走，农民忙动手。

**谚语** 3　年年防灾，时时防虫。

**谚语** 4　除虫没有窍，第一动手早。

**谚语** 5　春天杀一条，强过秋天杀万条。

**谚语** 6　治虫没有窍，只要动手早。

**谚语7** 霜降到立冬，翻田冻虫虫。

**谚语8** 治虫没有防治好，第一就要搞得早。

**谚语9** 春天杀一虫，强似秋后杀百虫。

**谚语10** 水大螟虫向上爬。

**谚语11** 伏里西风，稻管生虫。

> **注释：** 防治病虫害必须抓早，抓好，"早"体现在许多虫还在幼小状态，活动范围小，容易杀掉，病卵在潜伏期好治，此时防治能事半功倍，效果好。"防治越早，庄稼越好"就是这个道理。

## （三）防治病虫害的方法

**谚语1** 田地打扫要干净，烂草烂叶是虫窝。

**谚语2** 冬季清除田边草，来年肥多害虫少。

**谚语3** 要想来年虫子少，今年火烧田边草。

**谚语4** 若要虫害少，捕捉药杀不可少。

**谚语5** 要想害虫少，除尽田边草。

**谚语6** 庄稼生病要拔掉，架火烧了更为妙。

**谚语7** 消除害虫保青苗，沤粪下地办法好。

**谚语8** 种前防虫，种后治虫。

**谚语9** 莫看蛤蟆这么丑，种田人家的好帮手。

**谚语10** 草是虫的窝，无草不生虫。

**谚语11** 一户不秋耕，万户遭虫殃。

**谚语12** 烟叶肥皂，治虫最妙。

**谚语13** 人人一把火，螟虫无处躲。

**谚语14** 见虫棵就拔，见害虫就拿。

**谚语15** 挖了禾蔸铲杂草，害虫个个逃不掉。

**谚语16** 今年乌麦拔得净，来年地里就干净。

> **注释：** 杂草（烂草、烂叶）是滋生病虫的主要地方，要及时清理。"火烧田边草""捕捉药杀不可少""庄稼生病要拔掉，架火烧了更为妙"

等谚语要记牢。

## （四）病虫滋生及危害

**谚语 1** 天旱生蚜虫，潮湿生锈病。

**谚语 2** 黄疸收一半，黑疸不见面。

**谚语 3** 二月二，滑虫尽下地。

**谚语 4** 不怕苗儿小，就怕蝼蛄咬。

**谚语 5** 九月满地红，来年定生虫。

**注释**：对症下药，做好防治工作。

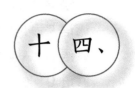

# 十四、

# 田间管理的谚语

## （一）麦子田间管理

### 1. 麦田开沟

**谚语 1**　麦田常干燥，麦田哈哈笑。

**谚语 2**　种麦不开沟，庄稼难丰收。

**谚语 3**　种麦不开沟，等于把粪丢。

**谚语 4**　晴天不开沟，下雨没处流。

**谚语 5**　春雨少，用水浇。春雨多，开渠道。

**谚语 6**　麦田开水沟，下雨不用愁。

**谚语 7**　麦田多起三道沟，别人不收我来收。

**谚语 8**　田边开条流水沟，旱年也有八成收。

**谚语 9**　荞麦年年收，只怕懒人不开沟。

> **注释：** 小麦生育期多雨，易受小麦纹枯病和赤霉病危害，所以要防止田间湿度过大，否则会导致积水、烂根，影响粒重。由此可见，提高麦田排水和渗透能力，必须开好麦田排水沟，确保小麦丰收。

### 2. 麦子生长及所需天气条件

**谚语 1**　麦怕清明连夜雨，稻怕寒霜一朝霜。

**谚语 2**　一月怕暖，二月怕寒，三月怕霜，四五月怕风，清明前后麦坐胎。

**谚语 3**　清明有雨麦子壮，芒种有雨麦头齐。

**谚语 4**　麦秀风摇，稻秀雨浇。

**谚语 5** 春分前后怕春霜，一见春霜麦苗伤。

**谚语 6** 二月晒得田沟白，青草也能变成麦。

**谚语 7** 小麦不怕鬼和神，只怕四月初八连夜雨。

**谚语 8** 人要暖，麦要寒。

**谚语 9** 冬雪是麦被，春雪是麦鬼。

**谚语 10** 有麦没麦，看正月十六。

**谚语 11** 清明到，麦秆叫。

**谚语 12** 清明一到，小麦起跳。

**谚语 13** 小麦桑椹黑，芒种三麦黄。

**谚语 14** 春分麦起身，一刻值千金。

**谚语 15** 二月清明倒秀麦，三月清明不见麦。

**谚语 16** 清明勿秀麦，老土打一百。

**谚语 17** 三月西风麦老公，四月西风麦头空。

**谚语 18** 麦子不怕神与鬼，只怕七日八日雨。

**谚语 19** 麦怕清明连夜雨，稻怕寒露一朝霜。

**谚语 20** 春雪烂麦根。

**谚语 21** 正月怕暖，二月怕冷，三月怕霜。

**谚语 22** 三春雨赛浇油，三麦长得绿油油。

**谚语 23** 四月初一落雨细似针，四月初四落雨呕煞人。

**谚语 24** 立夏东南风，大麦芒儿好撞钟。

**谚语 25** 霜打麦子不用愁，一颗麦子生两关。

**注释：** 在清明、芒种两节气下点小雨，对麦子生长是有利的，最好是三月少雨，故有民间流传"三月晒得田沟白，青草也能变成麦"之说。上述谚语提到，冬雪是麦被，春雪是麦鬼，冬雪有利农田保墒，冻死病虫卵，有利庄稼越冬，到了春天下雪，越冬作物已开始发芽，则会造成冻害。拔节到孕穗阶段是麦子根、茎、叶最旺盛时期，农谚所说"春分麦起身，一刻值千金""清明一到，小麦起跳"就是这个道理。上述谚语说明麦子在生长时期最怕春雪及清明前后的连阴雨天气，它会造成麦子烂根，影响麦子生长，必须提前加强田间管理，开好排水沟，使沟条畅通，消除麦害。

## （二）水稻田间管理

### 1. 水稻水浆管理

**谚语 1** 小孩不离娘，水稻不离塘。

**谚语 2** 春夏水车响，秋冬粮满仓。

**谚语 3** 灌水要适宜，田地出大米。

**谚语 4** 水足稻满仓。

**谚语 5** 秋前不干田，秋后莫怪天。

**谚语 6** 处暑里的水，谷仓里的米。

**谚语 7** 稻要耥，姐要郎。稻不耥，谷不长。

**谚语 8** 水是庄稼宝，四季不能少。

**谚语 9** 按时喂奶娃娃胖，合理用水禾苗壮。

**谚语 10** 放水进田有六看：一看天色，二看土色，三看苗棵，四看前作，五看肥料，六看品种。

**注释**：水稻生长在水田中，对土壤水分要求高，用于稻株正常生理活动及保持体内水分平衡。水稻的生态需水主要在水层灌溉方面，水层灌溉的生态意义主要有以下两点：一是有利于土壤养分积累，有利于土壤地力的保持与提高；二是提高营养元素的有效性，稻田水层灌溉有利于多种营养元素的有效转化，有利于稻株吸收和土壤对氮素的保留等。水层灌溉还能提高水稻对稻瘟病的抵抗力，调节田间的温湿度，减低耕作层土壤水分的作用。在水稻的田间管理中，以浅水层为主的浅水灌溉方式能使水稻产量高而稳，可见水稻田间灌浆管理的重要性。

### 2. 水稻生长及所需天气条件

**谚语 1** 人热则跳，稻热则笑。

**谚语 2** 大暑不热，五谷不结。

**谚语 3** 夜里热到困不得，田里长到看不得。

**谚语 4** 家里热到睡不着，打眼见到禾苗长。

**谚语 5** 人热得直跳，稻在田里欢笑。

**谚语 6** 稻秀毛毛雨。

**谚语 7** 七月刮风潮，八月收好稻。

**谚语 8** 谷熟不要风，有风没收成。

**谚语 9** 谷熟不要雨，有雨要贪青。

**谚语 10** 稻秀怕风雨大，风雨大，灌浆不足。

**谚语 11** 伏里雨多，谷里米多。

**谚语 12** 六月凉，稻不长。六月热，稻头结。

**谚语 13** 六月不热，稻子不结。

**谚语 14** 小暑发棵，大暑发粗。

**谚语 15** 小暑长棵，大暑长秆，立秋长穗。

**谚语 16** 秋分节掐花拿稻。

**谚语 17** 白露不秀，寒露不收。

**谚语 18** 处暑雨，粒粒皆是米。

**谚语 19** 白露白迷迷，秋分稻秀齐。

**谚语 20** 十月禾苗怕夜雨。

**谚语 21** 寒露没青稻，霜降一齐倒。

> **注释：** 水稻生长期较长，每个生长节点都必须精细培管。六月里热，伏里下雨，有利于水稻发棵生长，水稻成熟时，最怕大风大雨。

## （三）棉花田间管理

**谚语 1** 麦子黄油油，棉花就打头。

**谚语 2** 入地肥，雨量多，摘心整枝收量多。

**谚语 3** 棉花缺了苗，补种要赶早。

**谚语 4** 棉花培土好处多，抗风防涝结桃多。

**谚语 5** 麦怕六月寒，棉怕八月连阴天。

**谚语 6** 棉花是铁汉，干死了也有一半。

**谚语 7** 棉花吐絮，不宜下雨。

**谚语 8** 三寸棉花，不怕尺水。一尺棉花，就怕寸水。

**谚语 9** 谷雨有雨棉花好。

**谚语 10** 春雪压断竹，棉花铃不熟。

**谚语 11** 夏至西北风，十个铃子九个空。

**谚语 12** 未秋先秋，棉花像绣球。

**谚语 13** 春雪棉花腊雪稻。

**谚语 14** 白露天晴棉似云。

**谚语 15** 棉怕八月连天雨，稻怕寒露一朝霜。

**谚语 16** 苗期荫蔽苗发黄，花朝荫蔽花蕾掉，后期荫蔽水果桃。

**谚语 17** 春要雨，夏要热，秋要露，冬要雪。

> **注释**：田间管理是综合性的管理，要精耕细作，突出一个"勤"字，正如农谚所说，"多出汗，勤用心，土中自会产黄金"。光照和降水直接影响棉花的正常生长，光照充足，光合作用强，不会出现"苗发黄""花蕾掉""水果桃"的现象。反之，棉花生长期的 8 月最怕连阴雨天气。

## （四）豆类田间管理

**谚语 1** 黄豆肥田底，棉花拔田力。

**谚语 2** 瘦不死的黄豆。

**谚语 3** 大豆最怕霜降早。

**谚语 4** 伏里不下雨，黄豆荚不鼓。

**谚语 5** 清明前后一场雨，豌豆麦子中了举。

**谚语 6** 伏里不下雨，黄豆贵似米。

**谚语 7** 二月逢二卯，棉花豆麦好。

**谚语 8** 一年两头春，豆子贵似金。

> **注释**：清明节前后 1~2 天和伏里下雨对豆类生长十分有利。

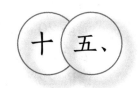

# 收获的谚语

## （一）水稻收割

**谚语 1** 见黄就割，不割就落。

**谚语 2** 寒露到，割秋稻。霜降到，割糯稻。

**谚语 3** 一年劳动在于秋，粮不到仓不算收。

**谚语 4** 一粒粮食一滴汗，及时收获莫延迟。

**谚语 5** 稼欲熟，收欲速。

**谚语 6** 收净收不净，相差一两成。

**谚语 7** 立秋前后挂北风，稻子收获定然丰。

**谚语 8** 处暑十天正割谷。

**谚语 9** 十月寒露霜降到，摘了棉花收晚稻。

**谚语 10** 割稻要轻，打稻要稳。

**谚语 11** 九月白露又秋分，秋收秋种闹纷纷。

**谚语 12** 秋分无生田，收割莫迟延。

**谚语 13** 霜降一到，稻子老少一齐倒。

**谚语 14** 立秋不割稻，秋后叫懊恼。

**谚语 15** 随黄随收莫迟延，防止禾穗撒地边。

**谚语 16** 秋收稻，夏收豆。

**谚语 17** 不丢一粒粮，颗粒要归仓。

**谚语 18**  快割快收，颗粒还家。

**谚语 19**  一粒粮食一籽金，颗粒还家要当心。

**谚语 20**  地不丢穗，场不丢粒。

**谚语 21**  精心细收，颗粒不丢。

**谚语 22**  一粒粮食一粒金，丢了粮食难存身。

**谚语 23**  一垄丢一颗，一亩丢一锅。

**谚语 24**  一步拾一颗，一天拾一垛。

**谚语 25**  割拉拣打场，五净粮满仓。

**谚语 26**  秋分稻土场。

**谚语 27**  早稻要抢，晚稻要养。

> **注释**：寒露到霜降节气内是水稻收割的最佳时间，要做到见黄就割，抢晴天收割，颗粒归仓。

## （二）麦子收割

**谚语 1**  四月芒种麦开镰，五月芒种麦割光。

**谚语 2**  麦秀撑撑，四十五天上场。

**谚语 3**  三月菜花黄，四月麦上场。

**谚语 4**  大麦不过小满，小麦不过芒种。

**谚语 5**  小麦不过小满，勿割自会了断。

**谚语 6**  麦黄不收，有粮也丢。

**谚语 7**  九黄十收，颗粒不丢。

**谚语 8**  麦黄若不收，大风一场空。

**谚语 9**  立夏三朝炒麦香。

**谚语 10**  七黄开沟，九黄就收。

**谚语 11**  稻老要养，麦老要抢。

**谚语 12**  就早不就晚，抢收如抢宝。

**谚语 13**  趁热打铁，趁晴收割。

**谚语 14**  麦收三宝：头多、穗大、籽粒饱。

**谚语 15**  麦捆根，稻捆梢，高粱捆在正当腰。

谚语 16　麦在地里不要笑，收在囤里才牢靠。

谚语 17　秋收一日，麦收一时。

谚语 18　插秧要抢先，割麦要抢天。

谚语 19　麦到大暑谷到秋。

谚语 20　谷雨麦怀胎，立夏麦吐芒。

谚语 21　小满麦齐穗，麦种麦上场。

谚语 22　四月里来芒种节，队队收麦忙不歇。

谚语 23　乡村四月闲人少，栽禾割麦两头忙。

谚语 24　九成熟，十成收。十成熟，一成丢。

谚语 25　一粒粮食一滴汗，粒粒粮食血汗换。

谚语 26　小满三朝枷头响，小满三朝吃干粮。

谚语 27　小满中腰，一个麦捆两人挑。

谚语 28　布谷鸟叫大忙到。

谚语 29　大麦上场小麦黄。

谚语 30　收麦如救火。

谚语 31　稻黄一日，麦黄一夜。

谚语 32　豆五麦六，菜籽一宿。

谚语 33　荞麦霜降节掳籽。

谚语 34　蚕老麦熟一伏时。

谚语 35　四月四，大麦芒儿好挑刺。

谚语 36　立夏十六朝，麦子动担挑。

谚语 37　立夏三朝炒麦香，小满三朝枷头响。

谚语 38　四月芒种开镰，五月芒种割完。

> 注释：小满和芒种节气是长江中下游地区收割麦子的时间，时间不等人，"麦老要抢""麦黄不收，有粮也丢""九黄十收，颗粒不丢"，就是这个道理。

## （三）棉花采摘

谚语 1　白露秋分头，棉花才好收。

**谚语2**  棉花要摘多，一棵挨一棵。

**谚语3**  刚立秋，棉花一齐摘了头。

**谚语4**  中秋前后是白露，宜收棉花和甘薯。

**谚语5**  棉花要摘好，不能满地跑。

**谚语6**  大暑开黄花，四十五天捉白花。

**谚语7**  只要地平手儿勤，处暑一定见新花。

注释：白露节气开始收摘棉花，要做到手要勤，一棵挨一棵，不要满地跑，效果才会好。

## （四）红薯、油菜、姜、芋头等采收

**谚语1**  寒露早，立冬迟，霜降收薯正当时。

**谚语2**  七月半姜，八月半芋。

**谚语3**  九月九，吃芋头。

**谚语4**  油菜七成熟，十成收。十成熟，七成收。

注释：不同农作物有不同的收获时间，采收时要注意。

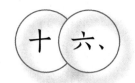

十六、

# 植树造林的谚语

## （一）植树造林的重要意义

### 1. 植树造林的重要性

**谚语1** 栽好一片树，如建氧气库。

**谚语2** 绿了荒山头，千沟清水流。

**谚语3** 无灾人养树，有灾树养人。

**谚语4** 现在人造林，日后林造人。

**谚语5** 树林成材，雨水均匀。

**谚语6** 前人种树，后人乘凉。

**谚语7** 种草种树，保持水土。

**谚语8** 造林就是造福。

**谚语9** 山岗多栽树，水土不下流。

**谚语10** 圩堤多栽树，汛期挡浪头。

**谚语11** 平原多栽树，树多调气候。

**谚语12** 河边低田多栽柳，沙地栽树好防风。

**谚语13** 栽树在河畔，防洪又保堤。

**谚语14** 山上多栽树，等于修水库。雨多它能吞，雨少它能吐。

**谚语15** 搞好四旁绿化，风沙旱涝不怕。

**谚语16** 四处栽树绿化，风沙旱涝不怕。

**谚语17** 书斋无花不成宅，农家无树不成户。

**谚语18** 山岭穿绿装，溪水清汪汪。

谚语 19　青山常在，绿水常流。

谚语 20　城乡变绿海，人们少公害。

谚语 21　树木成林，风调雨顺。

谚语 22　种树在路旁，护路遮阴凉。

谚语 23　治山治水不种树，好土好肥保不住。

注释：上述谚语形象地总结了植树造林的重要性，它具有防风沙、抗旱涝、防止水土流失、绿化环境、调节气候、建设生态环境、创建美丽乡村等作用。正如农谚所说"搞好四旁绿化，风沙旱涝不怕"，同时解决了国家生产建设和人们生活所需的木材。

## 2. 植树造林的经济价值

谚语 1　植树造林，富国裕民。

谚语 2　若要富，多种树。

谚语 3　栽桑种桐，子孙不穷。

谚语 4　塘边屋边好种桑，丫头接回缝衣裳。

谚语 5　家有千枝杨，不用打柴郎。

谚语 6　一人十棵树，百人一座园。

谚语 7　家有百树，莫愁吃住。

谚语 8　家中富不富，先看屋旁树。

谚语 9　家有千棵桐，子孙不受穷。

谚语 10　栽树忙一天，利益得百年。

谚语 11　果树摇钱树，谁栽谁就富。

谚语 12　栽上杉木住高楼，栽上桑树穿丝绸。

谚语 13　远年富，多栽树。

谚语 14　三年护林人养树，五年成林树养人。

谚语 15　千杉万松，吃穿不空。千棕万桐，吃穿不穷。

谚语 16　要得聚宝盆，荒山变绿林。

谚语 17　保树益荒山，不愁吃和穿。

谚语 18　栽树忙一天，利益得百年。

谚语 19　家有千棵树，不愁吃穿住。

**谚语 20** 千棕万桐，永世不穷。

**谚语 21** 千棕万桐，子孙不穷。

**谚语 22** 要想长远富，莫忘多栽树。

**谚语 23** 要想富，多栽树。

**谚语 24** 一亩花果园，胜种十年田。

**谚语 25** 栽树百头，吃穿用住不愁。

**注释**：植树造林给国家增加财富，带来经济效益，同时也是农民发家致富的重要途径，也是奔小康生活的正确选择。谚语阐明了"若要富，多种树""植树造林，富国裕民""栽树百头，吃穿用住不愁"的道理。

## （二）树木栽培

### 1. 植树时间

**谚语 1** 三九四九，沿河插柳。

**谚语 2** 植树造林，莫过清明。

**谚语 3** 冬至栽竹，立春栽木。

**谚语 4** 雨水节，把树接。

**谚语 5** 植树要趁早，不让树知道。

**谚语 6** 春天栽树要早，夏天灭虫要了。

**谚语 7** 春到人间，植树当先。

**谚语 8** 立春好栽树，夏至好接枝。

**谚语 9** 立春后断霜，插柳正相当。

**谚语 10** 霜降到立冬，栽树别放松。

**谚语 11** 头九栽树是行家，冬栽柏柳夏栽桑。

**谚语 12** 秋季雨水多，栽树好成活。

**谚语 13** 冬天栽树树正眠，开春发芽长得欢。

**谚语 14** 春到人间，绿化争先。

**谚语 15** 正月造林满山清，二月造林半山青，三月造林山难青。

**谚语 16** 春栽杨柳夏栽桑，正月种松正相当。

**谚语 17** 移竹莫让春知，种杉莫过惊蛰。

**谚语 18** 种竹须当五六月，烈日炎炎好时节。

**谚语 19** 种竹无时，雨后便栽。

**谚语 20** 立春栽树，冬至栽竹。

**谚语 21** 一年四季可栽柳，看你动手不动手。

**谚语 22** 立春雨水到，早起晚睡觉。栽上百棵树，添个打柴郎。

**谚语 23** 立春好栽树，夏至好接枝。立春接桃李，惊蛰接梨柿。

**谚语 24** 移树无时，莫叫树知。

**谚语 25** 要树长得凶，造林在春冬。

**谚语 26** 栽树不过清明节。

**谚语 27** 清明前夕移栽树，大好时光莫忘记。

**谚语 28** 清明时节雨纷纷，植树造林正当劲。

**谚语 29** 栽松不让春知晓。

**谚语 30** 种竹怕春晓，插杉怕雨来。

**注释：** 立春后，大地回春，万物苏醒，长江中下游地区开始植树造林，绿化村庄，美化家园，正像谚语所说，"春到人间，绿化争先""立春栽树，冬至栽竹"。由于树的品种不同，种植时间也不尽相同，正如谚语所说，"冬至栽竹""正月种松""春栽杨柳""夏栽桑""谷雨之前种好杉"。

## 2. 移栽树苗的技术

**谚语 1** 栽树没有巧，多带土为好。

**谚语 2** 种树有诀窍，深埋根泥捣。

**谚语 3** 搬树莫让根知道。

**谚语 4** 人怕伤心，树怕伤根。

**谚语 5** 人要脸，树要皮。

**谚语 6** 移树带老土，树活又发粗。

**谚语 7** 栽树要巧，深塘实捣。

**谚语 8** 起苗不伤根，栽树根要深。

**谚语 9** 树苗放得正，土块踏得紧。

**谚语 10** 泥土须盖紧，不要露了根。

**谚语 11** 挖坑大又深，栽树活得稳。

**谚语 12** 栽树没巧，深填实插。

**谚语 13** 种树有诀窍，深埋又实插。

**谚语 14** 移植树木向老家。

**谚语 15** 杨栽小，榆栽老，桑栽鼓肚槐栽芽，腊月栽柳是行家。

**谚语 16** 椿树骨朵枣栽芽，杨树栽得冰凌踏。

**谚语 17** 槐栽骨朵柳栽棒，椿树疙瘩撞一撞。

**注释：** 上述谚语强调移栽条件，如杨树宜在小时候移栽，枣树宜在发芽期移栽，这样成活率高。移栽时一定要多带老土，泥球要大，一般要带半径为 5~10 厘米的泥球，粗的树一般要带半径为 15~25 厘米的泥球，大树（直径超过 50 粗厘米的树）要带半径为 50~60 厘米的泥球，正如谚语所说，"移树带老土，树活又发粗"。挖树时尽量不要伤根，特别不能伤主根，正如农谚所说，"人怕伤心，树怕伤根"。在移栽的过程中，不要撞伤树皮，这样才能保证树的成活，种树时，挖的树坑要大要深，一般树坑的半径要比泥球的半径大 10 厘米，树坑的深度要高出泥球 10 厘米左右，正如谚语所说，"挖坑大又深，栽树活得稳"。种的树要放正，盖土要实捣踏紧，保证成活率。种树时，树势要按原来的方向种植。

## （三）植树造林养护工作

### 1. 植树造林养护工作的重要性

**谚语 1** 植树容易养树难。

**谚语 2** 生儿不教难成人，种树不护难成林。

**谚语 3** 光栽不护，白费功夫。

**谚语 4** 栽树容易保树难。

**谚语 5** 光栽不保，越栽越少。

**谚语 6** 一年烧山，十年不富。

**谚语 7** 三分种树七分管，十分成活才保险。

**谚语 8** 要叫树成林，把好护林关。

**谚语 9**　三分造，七分管。

**谚语 10**　树不樵不长，苗不锄不齐。（樵：剪枝）

**谚语 11**　儿不抚养不成人，树不抚育不成材。

**谚语 12**　养儿不育不成人，栽树不管不成荫。

**谚语 13**　集体栽树不上心，只栽不管不成荫。

**谚语 14**　自家栽树心意诚，看管精细成材林。

**谚语 15**　造林不护林，等于白费劲。

**谚语 16**　苗不护不青，林不护不盛。

> **注释**：上述谚语说明植树造林养护工作的重要性。"三分种树七分管，十分成活才保险""要叫树成林，把好护林关"就是这个道理。

## 2．树林养护方法

**谚语 1**　若要果树好，冬天上肥料。

**谚语 2**　正月施肥长花，七月施肥长果，冬季施肥长树。

**谚语 3**　杨树头儿趁早育。

**谚语 4**　小树不砍不成林。

**谚语 5**　小孩要管，小树要修。

**谚语 6**　小树除草，根深叶茂。

**谚语 7**　树尖未干枯，树根未腐烂。

**谚语 8**　杨树长了三年不必喜，柳树枯了三年不必忧。

**谚语 9**　春栽树，夏管树，秋冬护理别马虎。

> **注释**：要做好除草松土工作。在树木幼小时，除掉树木四周的杂草，及时修剪四周的枝根。及时做好防病治虫的工作，扶正、加固倒伏的树苗，果树冬天要施肥。

## 3．植树天气条件

**谚语 1**　果树怕风，钉槐怕水。

**谚语 2**　淡竹怕瘦，油桐怕冷。

**谚语 3**　处暑落雨又起风，十个橘园九个空。

注释: 上述谚语列举了"果树怕风, 钉槐怕水""淡竹怕瘦, 油桐怕冷"等, 要趋利避害, 搞好植树工作。

## （四）植树造林合理布局

**谚语 1** 沙里青杨泥里柳。

**谚语 2** 松树干死不上圩, 柳树淹死不上山。

**谚语 3** 松要挤, 杉如梯, 桐要稀。

**谚语 4** 桑树多栽庄前后, 榆槐多栽野埂上。

**谚语 5** 宅上不放野人住, 场上不栽刺毛树。

**谚语 6** 松树喜欢挤, 两株栽一起。

**谚语 7** 竹性爱向东南走, 移植要靠西北边。

**谚语 8** 杨要稀, 松要稠, 泡桐地里卧头牛。

**谚语 9** 高山莫栽花果树, 平地宜种水果桑。

**谚语 10** 沟沟坝坝, 到处种菜。

**谚语 11** 栽茶要向阳, 移树要背阴。

**谚语 12** 山上栽种, 山坡点桐。

**谚语 13** 山脚种果, 山下务农。

**谚语 14** 榆要稠, 槐要稀。

**谚语 15** 高杨下柳（高地栽杨树, 洼地栽柳树）。

**谚语 16** 沙地多栽杨, 泥里多栽柳。

**谚语 17** 杨树下河滩, 榆杏上半山。

**谚语 18** 高山松柏核桃沟, 沿河两岸栽杨柳。

**谚语 19** 高山松树核桃沟, 溪河两岸栽杨柳。

**谚语 20** 干榆湿柳水白杨, 桃杏栽在山坡上。

**谚语 21** 背风向阳栽干果, 沙杨土柳石头松。

**谚语 22** 涝犁旱枣水栗子, 不涝不干宜柿子。

**谚语 23** 向阳石榴红似火, 背阴李子酸透心。

**谚语 24** 向阳好种菜, 背阴好插杉。

**谚语 25** 山坞好插杉, 山顶好栽松。

**谚语 26** 山坞背阳好插松，山顶向阳种松茶。

> **注释**: 上述谚语总结了由于树的品种不同，必须按不同品种树木合理布局及种植。柳树喜温，河边低田多种柳，松树耐旱，可种高地或山上，平地宜种水果桑，山坡栽桐，正如谚语所说，"高山松柏核桃沟，沿河两岸栽杨柳""干榆湿柳水白杨，桃杏栽在山坡上""涝梨旱枣水栗子，不涝不干宜柿子"。树的习性差异较大，要合理配置种植，如"杨树要稀"就是要求树与树的间距要大一点，一般要求间距 3 米左右；松树喜欢挤，间距小，可种得密一点；泡桐种植间距要拉大，间距一般 5~6 米。

## （五）关于树的育苗

### 1. 育树苗的重要性

**谚语 1** 要想栽好树，先得育好苗。

**谚语 2** 过河要搭桥，栽树要育苗。

**谚语 3** 条儿要清，苗儿要新。

**谚语 4** 苗要种好，树要根好。

**谚语 5** 植树苗放正，深埋土上紧。

**谚语 6** 移苗有诀窍，莫让苗知道。

**谚语 7** 起苗不伤根，土要踏得紧。

**谚语 8** 采什么种，育什么苗，造什么林。

> **注释**: 育好树苗是植好树、造好林的先决条件，正如谚语所说，"要想栽好树，先得育好苗"。

### 2. 树的生长成熟时间

**谚语 1** 三桑五栋一颗槐，要用黄杨转世来。

**谚语 2** 桃三李四梨五年，枣树当年就收钱。

**谚语 3** 桃三李四杏五年，要吃枇杷十来年。

**谚语 4** 枣子当年见现钱，香蕉明年把本还。

**谚语 5** 橘子最迟八九年，硕果累累酸又甜。

**谚语6** 鸡年栽下速生杨，兔年娶回大姑娘。

**注释：**不同树种生长成熟时间不一，正如谚语所说，"桃三李四杏五年，要吃枇杷十来年"。

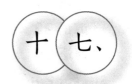

# 牧、副、渔业的谚语

## （一）牧、副、渔的经济价值

**谚语 1** 牛是农家宝，种田少不了。

**谚语 2** 农家养头牛，多出三月粮。

**谚语 3** 要得富，必搞副。

**谚语 4** 圈里无猪，地里无谷。

**谚语 5** 养了三年蚀本猪，缸满甏满。

**谚语 6** 种田不养猪，好比秀才不读书。

**谚语 7** 养猪养羊，有肉有粮。

**谚语 8** 养猪养羊，本短利长。

**谚语 9** 种田不养猪，必定有一输。

**谚语 10** 养了三年猪，田壮不得知。

**谚语 11** 猪多肥多，肥多粮多。

**谚语 12** 养猪不赚钱，回头看看田。

**谚语 13** 养了三年蚀本猪，田壮勿得知。

**谚语 14** 养猪不赚钱，落得屁股好垩田。

**谚语 15** 三月蛋，好当饭。

**谚语 16** 鸡在棚里叫，不愁油盐少。

**谚语 17** 鸭在水中游，勿愁盐和油。

**谚语 18** 家有鸡鸭兔，不愁油盐醋。

**谚语 19** 常年养鸡兔，家穷也变富。

**谚语 20**　牛羊猪兔鸡鸭鹅，多养禽畜收益多。

**谚语 21**　靠山吃山，靠海吃海。

**谚语 22**　养鱼种竹千倍利。

**谚语 23**　农家第一宝，六畜挤满槽。

**谚语 24**　人喂牲口一头，牲口养人几口。

**谚语 25**　家养母鸡三只，不缺油盐开支。

**谚语 26**　一只羊买口粮，十只羊修新房，百只羊奔小康。

**谚语 27**　常年养养兔，穷家能变富。

**谚语 28**　养兔在养毛，毛好价值高。

**谚语 29**　每人养得三只鸡，打油买盐就不急。

**谚语 30**　鸡鸭喂得全，家中有油盐。

**谚语 31**　养鸡养鹅，零钱最活。

**谚语 32**　马、牛、羊、鸡、犬、豕，谓之"六畜"。

**谚语 33**　养猪养羊，有肉有粮。

**谚语 34**　多养鸡鸭多养猪，当得粮田一大丘。

**谚语 35**　抓粮不抓猪，必在肥上输。

**谚语 36**　农家养了羊，多出三月粮。

**谚语 37**　三羊一亩田，肥效管两年。

**谚语 38**　养猪不上算，请到地里看。

**谚语 39**　栏中无猪，田中无谷。

**谚语 40**　识字要读书，种地要养猪。

**谚语 41**　农家实在好，样样都是宝。

**谚语 42**　家喂十只羊，不愁庄稼长不好。

**谚语 43**　养上一群羊，不怕有灾荒。

**谚语 44**　种田不喂牛，如同叫花子头。

**谚语 45**　羊吃百样草，全身都是宝。花工投资少，经济效益高。

注释：搞好牧、副、渔业能给农户带来很好的经济效益，正如农谚所说，"要得富，必搞副"，也是脱贫致富奔小康的正确途径，正如农谚所说"一只羊买口粮，十只羊修新房，百只羊奔小康"。同时，解决了食肉问题，

"养猪养羊，有肉有钱"，而且牛、猪、羊粪都是很好的有机肥料，能促成粮食增产，正如农谚所说，"猪多肥多，肥多粮多"。

## （二）牛、猪、羊、鸡、鸭、鱼等的饲养

### 1．牛的饲养

#### （1）养牛方法

**谚语 1** 冬天养牛多垫圈，夏天养牛多洗澡。

**谚语 2** 牛是农家宝，冬护很重要。

**谚语 3** 三九四九，保护耕牛。

**谚语 4** 寸草铡三刀，无料也长膘。

**谚语 5** 若要猪牛不生病，做到窝干食干净。

**谚语 6** 冬牛的食，春牛的力。

**谚语 7** 冬牛不瘦，春耕不愁。

**谚语 8** 积草备足料，腊月老牛笑。

**谚语 9** 若要牲畜把胎保，千万不吃霉烂草。

**谚语 10** 要想牲畜钱，要跟牲畜眠。

**谚语 11** 人怕过麦场，牛怕过秧场。

**谚语 12** 牛喂三九，马喂三伏。

**谚语 13** 冬天的牛一天三饱，等于吃草。

**谚语 14** 牛不吃饱草，拖犁满田跑。

**谚语 15** 牛要满饱，马要夜草。

**谚语 16** 苗无肥不壮，牛无草不壮。

**谚语 17** 牛怕春霜，马怕夜雨。

**谚语 18** 牛怕圈里水，马怕满天星。

**谚语 19** 栏是牛的房，冬暖夏要凉。

**谚语 20** 牛过谷雨吃饱草，人过芒种吃饱饭。

**谚语 21** 冬冷不是冷，春冷冻死犊。

**谚语 22** 冬不喂牛，春天急白头。

**谚语 23** 三月三，牛上山。

**谚语 24** 牛栏通风，牛力万斤。

**谚语 25** 先草后料，少给勤添，一直吃到亮了天。

**谚语 26** 瘦牛一日饱，能长一成膘。

**谚语 27** 老牛过冬，就怕西北风。

**谚语 28** 冬天喂牛喂在腿上，春天喂牛喂在嘴上。

**谚语 29** 九月不加料，更牛不长膘。

**谚语 30** 闲时养牛不长膘，忙时庄汉急得跳。

**谚语 31** 若要耕牛养得好，栏杆食饱露水草。

**谚语 32** 种田人一百个早，老黄牛一百个饱。

**谚语 33** 要想牲口长得好，勤喂、勤饮、勤打扫。

**谚语 34** 饿不急喂，渴不急饮，热不进圈。

**谚语 35** 耕牛要想长得好，天天晚上添满草。

**谚语 36** 若要牛儿好，夜间莫断草。

**谚语 37** 牛不吃脏草，马不饮脏水。

**谚语 38** 草膘料力水精神，加喂食盐更有劲。

**谚语 39** 隔年要犁田，冬牛要喂盐。

**谚语 40** 勤垫圈，勤打扫，牲口身体自然好。

**谚语 41** 养牛放山，养猪关栏。

**谚语 42** 牛儿百天扎鼻圈，不扎难照管。

**谚语 43** 春雨贵似油，瘦马不瘦牛。

**谚语 44** 秋雨如刀刮，瘦牛不瘦马。

**谚语 45** 牛瘟流行，防治并重。

**谚语 46** 人不欺牛，牛不欺田。

**谚语 47** 耕山田，养黄牛。耕圩田，养水牛。

**谚语 48** 牛栏不透风，耕牛好过冬。

**谚语 49** 养牛养冬膘。

**谚语 50** 老牛不瘦，春耕不愁。

**谚语 51** 牛房牛房，冬暖夏凉。

**谚语 52** 人怕饿冬，牛怕饿春。

**谚语 53** 牛栏通风，牛力无穷。

**谚语 54** 热天一口塘，冬天一张床。

**谚语 55** 喂养水牛娘，牢记事两桩：夏天挖个池，冬天修个房。

**谚语 56** 养牛没有巧，水足草料饱。

**注释：** 上述谚语总结了要养好牛，必须按牛的习性精细饲养，做到草要干净，窝要干燥，冬天多垫圈，夏天多洗澡，冬天喂点盐，夜间莫断草，千万不吃腐烂草，才使牛壮力气好。

**（2）牛的繁殖**

**谚语 1** 春配种，冬下牛，一年下一头。

**注释：** 牛要繁殖的话，春天配种，冬天才会生牛犊。

**（3）识别牛的品种**

**谚语 1** 牛要蹄圆，猪要腿粗。

**谚语 2** 买牛要三干，头干，角干，尾巴干。

**谚语 3** 肚要大，背要凹。

**谚语 4** 五短一长，一定力强。

**注释：** 一头好牛的形体特征是："肚要大，背要凹""五短一长""蹄要圆"。

**（4）养牛的天气条件**

**谚语 1** 春雪倒老牛。

**谚语 2** 牛怕春霜，马怕夜雨。

**谚语 3** 春寒冻死老牛精。

**谚语 4** 黄牛怕二月，水牛怕腊月。

**谚语 5** 春冷冻死牛。

**注释：** 上述谚语指出，冬季严寒和倒春寒对牛（牛犊）威胁很大，必须事先做好防冻保暖工作。

**2．猪的饲养**

**谚语 1** 圈干槽净，猪子没病。

**谚语 2** 猪吃百样草，到处可以找。

**谚语3** 小猪要游，大猪要囚。

**谚语4** 热食暖圈，一天半斤。

**谚语5** 一吃一躺，一天长四两。

**谚语6** 小猪要得胖，须得经常放。

**谚语7** 母猪种好好一窝，公猪种好好一坡。

**谚语8** 猪子生得坏，你不给它吃，它不给你卖。

**谚语9** 养猪四勤好：勤喂、勤洗、勤垫、勤打扫。

**谚语10** 人勤猪不脏，人懒猪不肥。

**谚语11** 立夏给猪洗澡，立冬给猪铺草。

**谚语12** 抓猪必抓料，越抓越有效。抓猪不抓料，等于放空炮。

**谚语13** 养猪无巧，窝干食饱。

**谚语14** 饲料多样，定时定量。

**谚语15** 少给勤添，吃完再添。

**谚语16** 粗料细调喂得热，猪崽爱吃宜长膘。

**谚语17** 豆渣喂猪，越吃越粗。

**谚语18** 猪吃百样草，看你找不找。

**谚语19** 猪吃百样草，煮熟效更高。

**谚语20** 猪吃百样草，饲料不难找。

> **注释：** 上述谚语总结了养猪的经验，要养好猪，必须做到四勤："勤喂、勤洗、勤垫、勤打扫"。"立夏给猪洗澡，立冬给猪铺草""小猪要游，大猪要囚""圈要干燥，食要足饱"，这样才能达到猪肥效益高。

### 3. 羊的饲养

**谚语1** 羊子每天三个饱，来年对对羔。

**谚语2** 羊子每天两个饱，来年一个羔。

**谚语3** 羊子每天一个饱，来年生命就难保。

**谚语4** 羊喂盐，夏一两，冬五钱。

**谚语5** 羊盼清明，牛望夏。

> **注释：** 清明时节，百草回春，可以放牧。每天让羊吃到三个饱（早中晚），羊壮可多生羊羔。

### 4．鸡、鸭、鹅的饲养

**谚语 1** 养鹅要青，养鸭要腥，养鸡要勤。

**谚语 2** 养鸭无窍，窝干食饱，清水青草。

**谚语 3** 要使小鸡肥，一天喂十回。

**谚语 4** 要想小鸡好，一次莫喂饱。

**注释**：上述谚语表述了鸡、鸭、鹅的饲养方法。

### 5．养鱼和钓鱼

**（1）养鱼方法**

**谚语 1** 水清无大鱼，池浅难养鱼。

**谚语 2** 养鱼种竹千倍利。

**谚语 3** 雨季鱼靠边，撒食要撒边。

**谚语 4** 虾黄昏，蟹五更。

**谚语 5** 人穿袄，鱼穿草。

**谚语 6** 草青鱼儿新，草黄鱼儿壮。

**谚语 7** 鱼有鱼路，虾有虾路，黄鳝泥鳅独走一路。

**谚语 8** 无水鱼不活，有风好扬帆。

**注释**：养鱼必须搞好防病工作，养鱼池塘要深一点，这样才能养好鱼。

**（2）钓鱼**

**谚语 1** 春钓浅滩，夏钓树荫。

**谚语 2** 秋钓坑潭，冬钓朝阳。

**谚语 3** 春钓深，冬钓清，夏秋池水黑阴阴。

**谚语 4** 鱼儿喜欢顶水游，钓鱼要迎风浪口。

**谚语 5** 深水大鱼到，浅水钓鱼苗，不深不浅钓鱼好。

**谚语 6** 钓翁，钓翁，勿钓南风。

**谚语 7** 春钓雨雾夏钓早，秋钓黄昏冬钓草。

**谚语 8** 端午落雨，落个点子有条鱼。

**谚语 9** 钓鱼不钓草，多半是白跑。

**谚语 10** 水底泛青苔，必有大鱼在。

**谚语 11**　深水钓边，浅水钓渊。

**谚语 12**　不湿脚的人，捕不到鱼。

**谚语 13**　放长线，钓大鱼。

> **注释：** 上述谚语总结了钓鱼的经验。

## （三）畜牧综合饲养方法

**谚语 1**　饲料饲料，拣净筛好。

**谚语 2**　圈干槽净，牲口没病。

**谚语 3**　四蹄不钉，必定有病。

**谚语 4**　割草三大好：省料、省钱、牲口饱。

**谚语 5**　先喂一捆草，再饮吃得饱。

**谚语 5**　青草晒干当饲料，牲口吃了肯起膘。

**谚语 6**　冬天的料，夏天的力。

**谚语 7**　牲口使得勤，喂养要当心。

**谚语 8**　牲口喂好，槽角拌到。

**谚语 9**　勤垫畜栏草，粪多牛又要。

**谚语 10**　草料要饱，饮水要匀。

**谚语 11**　交九不加料，来春不用套。

**谚语 12**　春不喂（喂盐），夏不饱。冬不喂，不吃草。

**谚语 13**　九月喂盐顶住风，伏天喂盐顶住雨。

**谚语 14**　田不耕不肥，马无夜草不壮。

**谚语 15**　白天喂误事，黑夜喂长膘。

**谚语 16**　驴年，马月，猪百天。（皆指上膘）

**谚语 17**　牲口下了套，勿拴溜溜道。

> **注释：** 上述谚语总结了综合饲养的经验，如牲畜的喂养要注意草料、饮水的安排，草料要饱，饮水要匀，做到饲料拣净筛好，圈干草槽净。

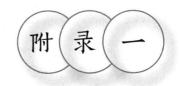

# 节 令 农 谣

江 苏 民 谣<br>高恩道、方 翔 曲

1=C 2/4
♩=98

( 3̇ 1̇ 3̇ 2̇2̇ | i 5 7 6̇6̇ | 3̇ 1̇ 3̇ 2̇2̇ | i 5 7 6̇ 6̇ | 5 3 5 6 |

i 2̇ 3̇ 2̇i | 6 5 6̇ 3̇2̇ | i - ) | 5 3 5 6 | i 2̇ 3̇ 2̇i |

　　　　　　　　　　　　　　立春 雨水 暖洋 洋，
　　　　　　　　　　　　　　立秋 处暑 割早 稻，

i 3 5 6̇i | 5·65 | 2 1 2 3 | 5 6̇i | 6 5 | 5 2 3 5 6 |

暖 呀么 暖洋 洋，　惊蛰 春分 家家 忙，家 呀么 家家
割 呀么 割早 稻，　白露 秋分 场上 忙，场 呀么 场上

1·2̇i | 3 2 3 5 | 1 3 2 2 | 3 2 3 5 | 1 3 2 2 | 6 5 6̇i |

忙，　清明 谷雨 浸稻 种呀，立夏 小满 插黄 秧呀，芒种 夏至
忙，　寒露 霜降 种麦 子呀，立冬 小雪 人不 忙呀，大雪 冬至

3 6 5 5 | 6 5 6̇i | 3 6 5 5 | 0 i | 3̇ | 2̇ - | 1 3 5 7 | 6·5 6 |

打牌 草呀，小暑 大暑 热难 当呀，　哎 呀 呀，　哎 呀　呀，
天寒 冷呀，小寒 大寒 忙年 粮呀，　哎 呀 呀，　哎 呀　呀，

5 3 5 6 | i 2̇ 3̇ 2̇i | 6 5 6̇ 3̇2̇ | i - ‖

小暑 大暑 热难 当，　热 呀么 热难 当。
小寒 大寒 忙年 粮，　忙 呀么 忙年 粮。

一月大寒随小寒，若种早稻须耕田。

立春雨水二月到，小麦地里草除完。

三月惊蛰又春分，稻田再耕适度深。

清明谷雨四月过，油菜花黄麦穗青。

五月立夏望小满，割麦插秧莫要晚。

芒种夏至六月到，雨后锄田莫偷懒。

七月大暑接小暑，稻勤耕耘棉摘心。

立秋处暑八月过，要割高粱玉米黍。

九月白露又秋分，收稻再把麦田耕。

十月寒露霜降来，黄豆蕃芋都收清。

立冬小雪天渐冷，热忱爱国售棉粮。

大雪过后冬又到，选种积肥迎来年。

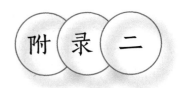

# 气象常识

## （一）雨和降雨量

农谚说，"云是雨的仓库""天上无云不下雨""雨来云领头"。一句话，有云才能下雨。天上有云，说明空气中有充沛的水汽。当空气上升到一定高度时遇冷，促使水汽达到饱和而凝结形成云。和这相反，若空气下沉，由冷变暖，促使水分蒸发，空气中的水汽太少，就不能形成云。原有的云，当空气由冷变暖时，也会随着温度的升高，水分的蒸发，逐渐变薄或消失掉，所以天上有时有云，有时没有云。

云是由无数的云滴，即小水滴和小冰晶组成的，云滴的半径很小，一般只有0.002~0.015毫米，最小的还不足0.001毫米，1米$^3$的云里大约有1亿~10亿个的云滴。当云滴增大到本身的质量足以克服空气的阻力和上升气流的抬举，并且不被蒸发掉的情况下，落下来才能成为雨。

人们在气象预报中常常听到降水量这个名称。降水量指的是什么呢？它是用来衡量降水，包括下雨（雪）多少的一个概念。毫米是它的计量单位。通过计算，一毫米降雨，相当于在一亩田里浇了大约13担左右的水，约等于660千克。表1为不同时段的降雨量等级划分。

对于雨日，气象部门规定，24小时内雨量达到0.1毫米的，算为一个雨日。如果24小时内只下些零星小雨，不满0.1毫米的，不能算为一个雨日，雨日以每天的20时为分界，20时前下的雨，算在当天，20时后下的雨，则要算在第二天了。

表1 不同时段的降雨量等级划分 单位：毫米

| 等级 | 时段降雨量 | |
| --- | --- | --- |
| | 12 小时降雨量 | 24 小时降雨量 |
| 微量降雨（零星小雨） | ＜ 0.1 | ＜ 0.1 |
| 小雨 | 0.1~4.9 | 0.1~9.9 |
| 中雨 | 5.0~14.9 | 10.0~24.9 |
| 大雨 | 15.0~29.9 | 25.0~49.9 |
| 暴雨 | 30.0~69.9 | 50.0~99.9 |
| 大暴雨 | 70.0~139.9 | 100.0~249.9 |
| 特大暴雨 | ≥ 140.0 | ≥ 250.0 |

## （二）风、风向和风速

简单的说，风是由于气压分布不均而引起的空气运动。

风向是指风的来向，习惯上我们以风向来称呼风，如从北面吹来的风称为北风，从西北吹来的风称为西北风等。风向通常以 8 个或 16 个方位来表示，我国一般采用 8 个方位来预报风向。做大范围的天气预报时，有时也可以听到偏北风、偏西风等名称，这时是以 4 个方位来表示风向的，这时 315 度到 45 度吹来的风表示偏北风，45 度到 135 度吹来的风叫偏东风，135 度到 255 度吹来的风叫偏南风，225 度到 315 度吹来的风叫偏西风。

那么风力又是怎样确定的呢？气象上常用风级表示，而风级是依标准气象观测场 10 米高处的风速大小来划分的（表 2）。风速指单位时间内空气移动的水平距离，常用单位为米 / 秒。

表2 风力等级划分表

| 风力 / 级 | 风速（米 / 秒） | 风力 / 级 | 风速（米 / 秒） |
| --- | --- | --- | --- |
| 0 | 0.0~0.2 | 9 | 20.8~24.4 |
| 1 | 0.3~1.5 | 10 | 24.5~28.4 |
| 2 | 1.6~3.3 | 11 | 28.5~32.6 |
| 3 | 3.4~5.4 | 12 | 32.7~36.9 |
| 4 | 5.5~7.9 | 13 | 37.0~41.4 |
| 5 | 8.0~10.7 | 14 | 41.5~46.1 |
| 6 | 10.8~13.8 | 15 | 46.2~50.9 |
| 7 | 13.9~17.1 | 16 | 51.0~56.0 |
| 8 | 17.2~20.7 | 17 | ≥ 56.1 |

在天气预报中，常会听到如"西北风，3~4 级"这类的用语，这时所指的风力是平均风力，如听到"西北风 5~6 级，阵风 7 级"之类的用语，其阵风是指风速忽大忽小的风，此时的风力是指最大时的风力。

## （三）温度和湿度

温度是表示物体冷热程度的物理量。空气的温度简称气温，土壤的温度简称地温。测量温度的仪器叫温度表。

气象上规定的气温是指离地面 1.5 米高度处的空气温度，观测用的有干球、湿球、最高、最低温度表，一般安装在观测场内的百叶箱中。百叶箱的作用是保护仪器不受日晒、降水和强风的直接影响，同时又能保证箱内空气自由流动。

气温的观测，气象部门一般规定一天要观测四次，每隔六小时一次，即 02，08，14，20 时。一般来说，一天内最高温度出现在 14 时前后，但有时上午有冷空气影响本地，气温下降，那么这一天的最高温度有可能出现在早晨或者上午。最低温度一般出现在天亮前。平均温度是一天中四次观测到的数值的平均数。

测地温用的是曲管地温表，构造与普通温度表相似，只是球部弯曲，球部至刻度距离较长，以便埋入不同深度的土中，曲管温度表一般有四支，分 5 厘米、10 厘米、15 厘米、20 厘米深度四种。

湿度是表示物体潮湿程度的物理量。空气湿度可以用空气中的实际水汽含量与同温度下饱和水汽含量之比的百分数来表示，称为相对湿度。

随着气象科学的发展，现在气象部门对温度、湿度、雨量等的观测都已实现自动化。

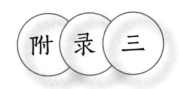

# 常见农业气象灾害防御措施

## （一）台风的防御措施

（1）气象台根据台风强度，可能产生的影响程度，从轻到重向社会发布蓝、黄、橙、红四色台风预警信号。政府及农业、水利主管部门接到台风预警信号后，按照职责做好抗台风、防洪抢险应急工作。

（2）农村基层组织和农户要关注台风的预报预警信息，及时采取防御措施。

（3）检查农田、鱼塘排水系统，做好排涝准备，加固易被风吹动的蔬菜大棚和食用菌生产棚舍，台风过后及时检修。

（4）对已成熟的水稻、玉米、瓜菜等灾后尽快扶正，或用支架支撑固定。

（5）开沟理沟，保持沟系畅通，确保台风暴雨后能够排掉积水，对于降水强、雨量大或易受涝害的地段，要及时进行人工排水。

（6）台风过后要加强田间管理，适当剪除枝叶，减少蒸腾，及时耕种松土、施肥和防病治虫，改善土壤通透性，提高土壤肥力。

## （二）暴雨防御措施

（1）当气象台发布预报预警时，各级政府及农业、水利主管部门按照职责做好防暴雨准备工作。

（2）农村基层组织和农户要关注暴雨的预报预警信息，及时采取防御措施。

（3）检查农田、果园、菜地、鱼塘排水系统，做好排涝准备。

（4）开沟理沟，保持沟系畅通，确保暴雨后能够排除积水，对于降水强，雨量大或易受涝害的田块要及时进行人工排水。

（5）加强田间管理，及时耕种松土、施肥和防病治虫。

## （三）大风的防御措施

（1）政府及农业主管部门按照要求做好防大风准备工作。

（2）农户要关注大风的预报预警信息，及时采取防御措施。

（3）水稻、小麦、棉花、油菜等农作物要选用抗倒伏的品种。适当增施磷胛肥和有机肥可提高水稻抗倒伏的能力。

（4）加固易被风吹倒的蔬菜大棚、草莓大棚和食用菌大棚等，大风吹过后及时检修。

（5）对已成熟的水稻、玉米、瓜果、蔬菜等及时组织抢救，对被大风吹倒的作物、果树等灾后尽快扶正或用支架支撑固定。

## （四）低温的防御措施

首先了解一下春季低温和冬季严寒的概念。

春季低温也叫春寒，对农业生产影响较大的春寒天气又两种：一是温度持续偏低的倒春寒天气。据气象资料分析，3月下旬—5月上旬的十个候（5天为一候）中，只要连续五个候内有三个候的候气温偏低常年1 ℃以上，一般是倒春寒明显的年份，这种倒春寒天气一般三年出现一次。二是晚霜，春季最低气温降到5 ℃以下时，常有晚霜或霜冻出现。遇上上述两种春寒天气，春播作物容易遭受冻害，影响夏熟作物的生长进程，还直接影响一些瓜果蔬菜的定植。

当北方强冷空气影响时，引起气温大幅度下降，出现严寒天气，即所谓的寒潮天气，当冬季12月下旬到次年2月中旬逐日最低气温降至-5 ℃以下时，越冬作物容易遭受冻害，当-5 ℃以下的最低气温持续三天以上时，会出现严重冻害。

防御措施：

（1）农业部门按照职责做好倒春寒、晚霜、冬季严寒的防冻物资准备工作。

（2）春季出现倒春寒和晚霜时，农户应立即对蔬菜、瓜果等秧苗采取防护保温措施。

（3）冬季出现严寒时，对大棚蔬菜、大棚草莓、大棚育苗花草、大棚水产等要采取保温措施，有条件的要采取加温措施。

## （五）高温的防御措施

冬小麦 5 月灌浆成熟期最怕出现高温，即最高温度大于 28 ℃ 出现两天或以上，而水稻虽然喜温，扬花授粉期怕最高气温大于 35 ℃ 的高温天气。

防御措施：

（1）5 月出现高温，要适当灌水，增加土壤含水量，提高相对湿度，减少地面水分蒸发，减轻高温逼熟的危害，改良和培肥土壤，提高土壤保水供水能力。

（2）夏秋出现高温，对水稻要采取灌水方式调节稻田温度，对蔬菜和瓜果要采取遮阴和夜间或早晨浇水的降温措施，增加土壤水分，加强病虫防治。

## （六）涝害的防御措施

（1）农业、水利主管部门按照职责做好涝害的防御准备工作。

（2）村级组织和农户要关注暴雨的预报预警信息，及时采取防御措施。

（3）农田开沟理沟，保持沟系畅通，确保雨停无积水。

（4）对于暴雨造成涝害的低洼地段要加固堤岸、田埂，提高防御涝害能力，还要及时进行人工排水，尽可能缩短受涝时间。

（5）加强田间管理，及时耕种松土、施肥和防病虫，改善土壤通透性，提高土壤肥力，做好病虫害防治。

后 记

　　看着即将付印的书稿，感慨颇多。自 1963 年 7 月从北京气象专科学校毕业后，我一直从事气象工作，直至 2002 年退休。工作不久便利用工作间隙及节假日，走访农民，虚心学习，收集农业气象谚语。50 多年来，我在农业气象谚语上倾注了很多心血，收集了近 3000 条谚语，并且整理抄编原始气象数据 2 万多条，用于天气谚语的验证工作。功夫不负有心人，结合天气谚语，我的中期天气预报准确率很高，被当地县领导赞誉为"崇明天公公"，更是在 2014 年被评为"上海市非物质文化遗产项目天气谚语及其应用代表性传承人"。这一路走来，离不开众多人的关心、支持和帮助。为了把这些谚语传承下去，我编写了此书。在编写过程中，得到了徐建中、沈杰的大力支持和帮助，在此一并感谢。

陶振夫

2018 年 1 月